雜牌軍
也可以是
夢幻團隊

找出最佳選項、促進彼此包容、激發合作感動力的
八道魔法

Dream Teams

Working Together Without Falling Apart

申恩・史諾 Shane Snow——著
莊安祺——譯

「要解決當今世界面臨的最大問題，別無他法：我們必須一起合作。歸根究柢，這不僅僅是每個領導人都該閱讀的書，這是世界本身正需要的訊息。」

——亞當．博朗（Adam Braun）
「鉛筆的承諾」（Pencils of Promise）基金會
以及 MissionU 計畫創辦人

目錄

推薦序 06
導論　夢幻團隊 10
第一章　神鬼妙探和山巔 25
第二章　少林的麻煩 75
第三章　魔法圈 120
第四章　天使般的搗亂者 156

第五章　黑色方塊　183
第六章　歡迎來到海盜天地　211
第七章　麥爾坎改變想法之時　243
第八章　催產素，一個愛的故事　277
後記　329
特別附錄　336
建立夢幻團隊備忘錄　354
謝詞　358

推薦序

在我小學三、四年級時，祖父常常問我：「你今天要做些什麼，讓世界變得更美好？」每天早上我一看到他，就知道他會問我這個。

在一九六〇、七〇年代的麻州成長的黑人同志小孩很辛苦。我住在波士頓的羅克斯伯里（Roxbury）區，當時是比較亂的地區。

但是每當我看到祖父時，他都會問我同樣的問題。

不是：「你今天要做些什麼，改善你的生活？」

而是：「你今天要做些什麼，讓世界變得更美好？」

而且我得告訴你，我記得當時想，「這就是我的一項工作。」

在我的旅程中，我逐漸了解團隊合作所擁有的巨大力量，比我自己一個人能完成更偉大更美好的事物。因為我成長的方式，讓我一直覺得有必要做為領導者，協助推動事情發展。但我也明白進步並非單獨的旅程。

這種理念一直是我面對一切的方式。

例如，在我最近創立公司時，合夥人柯瑞和我抱著雄心勃勃的使命。我們說：「何不創立這個星球上最有趣的廣告公司？」

我們坐下來規劃，首先考慮的並不是我們要找什麼樣的客戶，或者我們要做些什麼樣的創意作品。問些一般廣告公司開始時的典型問題。

我們問自己的問題是：「什麼樣的團隊才能實現這樣的憧憬？」

我們認為，如果我們能找來不同類型的合適人選——而且運用他們獨特的觀點，那就是讓我們達到理想的方法。

我們相信，如果有一群具有不同背景的人，就能夠以更具生產力和創新性的方式推動創意。而且不僅僅是文化多樣化，還包括不同學科領域。我知道研究證明像這樣的團隊會更成功，因為不同的人必須更加努力，才能讓他們的觀點被人接受。與我們不相像的人在一起時，我們必須管理更多的資源、腦力，去幫忙說服其他人，讓他們了解為什麼另一個的方向可能才是正確的方向。這有助於我們突破。

這些年來，我們已把這點付諸實踐。我們建立真正與眾不同的團隊，真正做了舉世最有趣的一些工作，在建立業務的過程中，也進一步推動社會理想。例如，我們在爭取超級盃廣告比稿時，並不只是因為我們的點子而成功。在我們製作西班牙裔為自己的工作和傳統感到自豪的廣告片，它並不只是因為這個觀念而被瘋傳。好的點子可能有一億個，但卻是因為我們團隊合作的方式，讓這一切發生。這是關於我們如何藉由發揮團隊成員的思潮，讓偉大的想法化為現實的故事。

真正的創新源於我們的差異。在我們彼此挑戰時，點子會變得更好。

但問題在這裡。

這讓人不自在，這很麻煩。這就像波洛克（Pollock，抽象表現主義畫家）的畫——它看起來很混亂。身為人類，我們想要避免衝突。我們之間的緊張關係使我們變得更好，但要讓它正確的發揮作用卻很吃力。

這就是我為這本書感到興奮的原因。

我認為我們合作比單獨的力量強大得多。如果你想想世上每一個巨大的突破，就會明白它與人們團隊合作有真正的關係。當我們思考：「我們能做些什麼，才能讓其他人的生活更美好？」

我認為世界應該以這樣的方式運作，會不會太天真？

我們都想到達我們的山頂，而且一旦登頂，我們就會尋找另一座山攀登。我們需要彼此，才能作那樣的旅程。
對於我祖父的問題，我們每個人每天都會有不同的答案，但我們必須一起合作才能達到那個目標的事實，卻永遠不會改變。
當我們獲勝時，我們所有的人都會獲勝。

推薦人簡介

艾倫．沃爾頓（Aaron Walton）。運動員、模特兒，沃爾頓艾薩克森（Walton Isaacson）廣告公司合夥創辦人。

導論 夢幻團隊

「我只是讓他們做他們想做的事。」

冷戰方酣之際，蘇聯和西方國家幾乎什麼都要競爭：政治、科技、西洋棋、數學、上太空。只有一個競技項目沒得比：冰球。蘇聯在這方面穩操勝券。

一九六〇至一九九〇年之間。蘇聯冰球國手隊參加國際賽事幾乎百戰百勝，這麼說還算客氣，他們根本是**無堅不摧**。

舉個例子，一九七六年奧運，他們以六比二擊敗美國，以七比二橫掃芬蘭，並在決賽中逐退捷克斯洛伐克，拿下金牌。

這是他們連續第**四**面金牌。

蘇聯教練是個怪胎，是個傳奇人物，是冰上的禪師，他的大名是阿納托利．塔拉索夫（Anatoly Tarasov）。他要求年輕的子弟兵學下棋和跳舞，練習由牆頭往下跳，穿著冰鞋學習忍者的動作。他們唱的歌曲有「懦夫不打冰球」之類的歌詞。塔拉索夫把運動和心理調節融合在一起，讓他的學生看到世界——整個世界，都與冰球息息相關。

接替他的是另一位怪異的教練．維克多．吉洪諾夫（Viktor Tikhonov），他是以獨裁風格聞名的蘇聯將軍，一年殘酷集訓長達十一個月，球員對他都恨得牙癢癢的。

這個冰上道場培養出的不只是名留青史、舉世第一的冰球隊，而且堪稱是有史以來最傑出的**運動團隊**。大家稱他們「紅軍」。下面就是他們最出名的「俄羅斯五虎將」先發陣容：

維亞切斯拉夫．「斯拉瓦」．法提索夫（Viacheslav "Slava" Fetisov），**後衛**
天生的領袖，榮譽無數的冰球之神。魅力十足，卻又教人望而生畏，「像熊一樣」。是史上最偉大的球員之一。

阿里克謝・卡薩托洛夫（Alexei Kasatonov），後衛

訓練有素、愛國心強，堅定而不退縮。不論在冰場上下，都是法提索夫最好的朋友。

弗拉基米爾・克魯托夫（Vladimir Krutov），前鋒

有「俄羅斯坦克」之稱，身高一七二公分，體重近九十公斤，就像冰上啤酒桶，是全隊依賴的「靈魂」。

伊果・拉里諾夫（Igor Larionov），中鋒

人稱「教授」的拉里諾夫足智多謀，是戰術專家。雖然瘦骨嶙峋，卻很難纏。他的專長就是誤導對手。

謝爾蓋・馬卡洛夫（Sergei Makarov），前鋒

馬卡洛夫是狙擊手，所有的守門員都怕他。不論他人在球場的什麼地方，都能射門得分。

和這五虎搭配的是傳奇門將弗拉迪斯拉夫·特雷蒂亞克（Vladislav Tretiak），以堅忍不拔和反應敏捷聞名。這還不包括其他十幾位曾在隊上待過一段時間的球員，個個身懷絕技，才華洋溢，比如老隊長瓦列里·瓦西里耶夫（Valery Vasiliev），他曾在徹夜狂歡之後的次日，依舊把對手殺得片甲不留，也曾在場上**心臟病發**，卻撐完比賽。

你大概有一點概念，他們是怪物。

可是讓蘇聯隊在場上叱吒風雲的，不僅僅是偉大的球員個人而已。眾所皆知，北美球隊會由青少年冰聯中挑選年輕的球員，極幼時就培養他們成為職業球員。加拿大職業冰球隊員通常都是滑冰技術一流的肌肉棒子。[1] 其實在紅軍連勝的這段期間，加拿大球員個人的統計數據更傑出，比如傳奇球星韋恩·葛瑞茲基（Wayne Gretzky）就是一例。[2] 不，俄羅斯人堅稱，他們的球隊之所以特別，是因為他們的風格。無論是誰在冰場

1 還留著大鯔魚頭（mullets，前短後長，兩側鏟短）。

2 值得一提的是，直到一九八八年，奧運會才准許領取全職薪資的「職業」冰球和籃球等運動球員參賽。在此之前，共產制度下的蘇聯球員可以規避「職業球員」規則，在奧運會上對戰業餘球員。當時美、加隊伍只有在其他國際比賽，才能派出最佳球員讓蘇聯屠宰。

上，對手都說「紅軍」可以看穿他們的心思。可能是法提索夫和卡薩托洛夫合作無間保衛球門，也可能是冠軍中鋒謝爾蓋．費多羅夫（Sergei Fedorov）在防守球員面前穿梭，分散他們的注意力，讓隊友趁隙射門。或者到後來，也可能是綽號「穿刺者」的弗拉基米爾．康斯坦提諾夫（Vladimir "The Impaler" Konstantinov）像支長矛一樣在敵陣中滑行，讓冰球在對手的雙腿之間前進。無論怎麼組合，他們都所向無敵。

加拿大隊在加拿大杯吃了敗仗之後，葛瑞茲基告訴《體育畫報》（*Sports Illustrated*）說，俄國隊把他「大卸八塊」。美國教練則說紅軍有「第六感」、「眼睛長在背後」。雖然西方冰球隊打得很凶猛，就像橄欖球一樣，但蘇聯隊卻像在跳致命的芭蕾。他們把這種總和啤酒與打架連在一起的運動變成一種藝術。

在這裡我得先打個岔，告解一下：

其實我對體育並沒那麼有興趣。

請原諒我，諸位棒球迷、美足迷，請聽我解釋。這一切都要怪我爸。他是工程師，在愛達荷州東南沒有體育活動的沙漠工作。所以我小時候一直以為接球員（wide receiver，美足接球員）是要接收音機的東西。我們家從沒看過球賽的電視轉播。直到今天，我依舊很少收看球賽轉播。不過——

蘇聯冰球國手隊的老影片實在教人著迷。不論是不是運動迷，看他們打球都會目不轉睛。他們的表現無與倫比，以至於到一九八〇年冬運，美國隊以些微之差擊敗他們的那一刻，竟被稱為「冰上奇蹟。」[3]其實應該說是「冰上政治詭計失算」比較恰當。美國隊獲勝雖頗有宣洩效果，讓美國球迷一肚子怨氣終於一吐為快，但俄國隊輸球其實是因為政治原因。教頭吉洪諾夫為討好蘇聯當局，讓包括守門員特雷蒂亞克在內的三名紅軍大將退場，換上由國安會（KGB）所屬球隊的球員，才讓美國射門成功，得到關鍵的分數，但即使如此，蘇聯也差一點就獲勝。

受到這一敗的刺激，紅軍發誓球隊永遠不再分裂。接下來十年，他們所向披靡，一九八四和八八年奧運都摘金，也包辦其他所有國際賽事的冠軍，以懸殊比數贏得數百場比賽。這些球員連續幾年未失任何一場比賽。

接著冷戰結束，鐵幕落下了。多年來薪酬微薄的蘇聯球員現在可以自由為高薪的西方球隊效力。因此蘇聯球星一個個的離開俄羅斯，到原本的敵方效命：北美的國家冰球

3 卡爾．馬登（Karl Malden）在一九八一年主演關於此賽事的同名電影。

聯盟（NHL）。法提索夫和卡薩托洛夫投奔魔鬼隊，克魯托夫和拉里諾夫加入加人隊（Canucks），馬卡洛夫到火燄隊（Flames）。每一位都被奉為將扭轉乾坤的英雄。

可是每一位的表現都糟糕透頂。

俄羅斯五虎將的新球隊都未能贏得總冠軍，各球員的統計數據都退步。他們現在年紀大了——幾乎不行了。他們和新認識的美加隊友沒有默契——和以往在老家時完全不一樣。即使新隊伍中高手如雲，但不知為什麼他們就是無法獲勝。少數時候，他們能與過去的夥伴搭檔，但沒什麼差別：他們仍然無法招回原先的魔力。塔拉索夫的運籌帷幄與吉洪諾夫的紀律，招架不住體型更大、動作更凶猛的北美球員。儘管俄國球員可以適應，但卻無法像過去那樣具競爭力。

球隊老闆失去耐心。卡薩托洛夫先被交易到藍調隊，然後轉往安納罕鴨和棕熊隊；馬卡洛夫被交易到沙魚隊；法提索夫一蹶不振，在舊蘇聯時代，他是世上頂尖的得分王，但在新澤西，他連自己隊上的頂尖球員都談不上。原先因紅軍到美國來打球而歡欣鼓舞的體育頭條新聞，現在敲響了警鐘。一九九二年《紐約時報》哀嘆，「紅軍魔鬼陷入得分乾旱期」，並指出有人認為問題的根源在於缺乏團隊合作。

他們身為不可能冠軍的這段神奇歲月，雖然比法提索夫或他的夥伴小時候所想像的時期都來得長，但就像大多數這樣的故事一樣，魔法終有失靈的一天。

雷根一九八〇年競選總統時，把蘇聯稱為「怪物」，指的並非他們的冰球員，而是整個蘇聯，是美國一定要「用核武毀滅」的敵人。蘇聯總理尼基塔・赫魯雪夫（Nikita Khrushchev）對西方外交官說的名言：「我們會埋葬你們。」指的也並不是指冰球。幾十年來，這些話在整個北半球迴盪。

塔拉索夫的明日之星球員在苦練冰球之時，他們中小學的同學卻在練習如果炸彈爆炸該如何在課桌下躲避；在他們赴美，在灌啤酒的觀眾面前把小小的硬橡膠圓盤打進小小的網裡時，他們的國家卻忙著製造大量殺傷武器。儘管這些孩子一心只想打球，但冰球其實卻像西洋棋和太空和所有其他項目一樣，成了兩大世仇國家對戰的象徵，人人都說這樣的鬥爭到頭來可能升溫成核戰，毀滅人類文明。

諷刺的是，為了發展美俄兩國互相威脅的核子科技，雙方的科學家必須先和睦相處，並與來自德、法、波蘭、英國以及其他許多地方的男女合作。他們以彼此的工作為基礎，共享研究和實驗室，一起發現如何原子對撞會產生熱量，使蒸汽轉動渦輪機，因此能發電。

我從小對這事就耳熟能詳，因為我爸在愛達荷沙漠的工作就是在核能電廠。科學的種子就在我這書呆小小的心靈中萌芽，讓我日後走上科學和科技新聞之路。我很小就知道物理、化學、電子工程和形形色色的能工巧匠怎麼想出讓原子對撞，又如何因此得到熱能，製造電力。我也了解歷史上每一個突破，從蒸汽機到芝心披薩，都是如此發生的：大家同心協力。從人體來看，我們就是為合作而生。我們的大腦會產生同理心；我們的舌頭和喉頭可以發出各種各樣的聲音，讓海豚無地自容；我們的眼白比其他靈長類動物大三倍，讓我們毋需言語，就能追蹤對方在看什麼。這些身體和大腦的特徵讓我們由微不足道的亞熱帶生物成為萬物之靈，能夠建造金字塔，在西斯汀教堂上作畫，還能拍攝真人實境秀《新澤西貴婦的真實生活》（*Real Housewives of New Jersey*）第八季。

然而，就如冷戰和人類過去其他的衝突所提醒的，只要我們聚在一起，就會顯出人性中教人沮喪的一面。我們的大腦雖是為了合作而生，卻也天生就會懷疑不同部族的人——「掩蓋」外表或想法與我們不同的人。統計數據顯示，即使我們在一開始時互相欣賞，但只要一起工作，必然會教人灰心。[4]

如一位知名的組織心理學家所說：「幾乎所有的研究都表明，個人的工作表現在質與量方面都優於團隊。」在我們身屬團隊時，出的力比我們獨自一人的時候少。六個人一組大聲喊叫時，即使我們自認為已經盡了力，但喊出的音量也只有獨自一人時的74％。我們一再證明，大家聚在一起腦力激盪時，大部分的團隊得出的創意成果都比成員個人自行腦力激盪時少，好的點子更少。[5]

可是工作和人生中的困難往往不能獨力解決，我們也知道這一點。傳宗接代就需要兩個人，組成職業冰球隊需要十幾個人，要發展像核電這樣的科技需要數百個，要經營《財富》（*Fortune*）雜誌五百大企業需要數千人。教養一個小孩需要整個村莊的努力，任何重大的進步都需要大量的人手一起工作。

在我們攜手合作時，希望的是變得更好，而不僅僅是更大，但實際上卻幾乎總是**辦**

4 我對此深有體會，二〇一〇年我和兩位夥伴創辦一家媒體科技公司，開產業風氣之先，並且因為我們合作的方式，讓數千人得到工作機會。可是雖然我們被選為全美「最佳職場」（Best Places To Work）之一，獲頒《廣告時代》（*Crains and Ad Age*）獎項，但多年來我們最大的挑戰仍總是歸結到一個問題：一起工作的人。

5 倫敦大學學院（University College London）知名心理學家阿德里安・弗恩罕（Adrian Furnham）曾說：「企業界必然是瘋了，才會用腦力激盪團隊。」

不到。我們必須對抗隨團隊工作而來的拖沓延宕，到頭來變成互鬥。農場變成封地，政治組織變成種姓。我們把犁頭打造成刀劍[6]，讓核能變成炸彈。因此在兩大巨頭洲際彈道飛彈互相瞄準的陰影下，蘇聯隊和美國隊冰球開打。

人類要合作才能有重大的成果。但是——在我們的團隊、我們的國家、我們的公司和家庭中，合作卻似乎是以冰河驚心動魄的速度向前，而且往往以我們自己造成的雪崩告終。

不過！偶爾也會發生相反的現象。

偶爾我們會見到神奇的一刻——一群人的力量大於其中所有成員的總和，甚至我們幸運的屬於其中。這就是突破性的進展發生的關鍵，從孕育胎兒到運用原子。在那些罕見的時刻，我們覺得無所不能。

就像蘇聯冰球國手隊崩潰之前，那段短暫而美麗的歷史中所感受到的。

一九九四年，在蘇聯國家冰球隊的球員走下坡，置身NHL的球隊不再受到注意之後，底特律紅翼隊（Red Wings）的教頭史考提．波曼（Scotty Bowman）開始悄悄的召募這些蘇聯老將入隊。他交易年紀已不小的法提索夫，又在一九九五年找來拉里諾夫。他在選秀會上選來年輕的蘇聯前鋒維亞切斯拉夫．科茲洛夫（Vyacheslav Kozlov），又下手簽來康斯坦提諾夫（「穿刺者」），再加上紅翼隊幾年前選秀得來的費多羅夫。

他並沒有強迫他們按他的方法去打球，而是不加拘束。他說：「我只是讓他們做他們想做的事。」

這支重生的俄羅斯五虎隊，成軍第一年勝場就比NHL其他任何隊伍還要多。拉里諾夫前一季在聖荷西沙魚隊總共只得兩分，一到紅翼就得了七十一分。法提索夫的得分也是前一季的三倍，費多羅夫也拿到季後賽得分王的獎杯。

一夕之間，他們又所向無敵。

次年紅翼隊拿下總冠軍史丹利杯（Stanley Cup），次年也是總冠軍。

在紀錄片中，主持人問法提索夫究竟這是怎麼回事，他說：「大家再度回到同一隊，如魚得水。」

---

6 出自《約珥書》第三章第十節（英王欽定版）。美國歌手唐．亨利（Don Henley）的歌詞。

本書談的是夢幻團隊，也就是一起扭轉乾坤的團隊，就像法提索夫和他的隊友一樣，拿出令人難以置信的絕佳表現。在下面的章節中，我們會見到一個又一個的夢幻團隊：充滿創意的機構、饒舌樂團、軟體公司、都市計畫人、社會運動人士和烏合之眾組成的雜牌軍，他們都能一起做大事。我們要揭開傑出合作團隊成員的祕密，並檢視一般團隊和傑出團隊之間的差異在哪裡。在檢視偉大團隊背後的心理過程中，我會提出論點，說明一般人對人類合作的想法有錯誤，並提出更能發揮大家集體潛力的新方法。

歷史上最偉大的時刻——不限於體壇，也包括商業、藝術和科學和社會諸領域，都是發生在人類無懼的合作挑戰逆境時，整體的努力大於個別相加的總和。當他們手牽手站在前輩巨人的肩膀上，一起展望未來之時。

這些蘇聯冰球老將組成的罕見球隊，徹底改變了人際之間的火花。雖然他們原本個個都是優秀的球員，但是協同效應使他們即使在多年之後，在新的美國教練手下，依然是最傑出的球隊，這無法以技巧、才能或練習時間來解釋。他們的對手有更佳的球員統計數據。[7]其他球隊的球員一起練習的時間和俄羅斯球員一樣長。但不知為什麼，塔拉索夫的子弟兵彼此之間就是有特別之處。

這種魔法的背後有其科學根據。夢幻團隊不是隨意拼湊就能成軍，他們是微妙互動的結果，這些互動毫不明顯。近年來，心理學和神經學的新發現可以讓我們解開俄羅斯五虎將之所以偉大的謎團，這項科學研究可以讓我們在任何領域擁有最佳的合作。

調和他們的特別醬料是什麼？讓有些人湊合在一起比分開更神奇的祕密藥方是什麼？反過來看，又是什麼使得在紙上談兵最高明，才華最洋溢的人，組成的團隊卻無法超越現實生活中小螺絲相加的總和？是什麼使我們的社會雖然充滿頭角崢嶸、勤奮努力、熱情奔放的人，在比以往有更多的資源、知識、技術和美麗之時，卻這麼容易毀滅自己？

7 研究團隊運動詳細資料的統計學者發現，運動團隊的「菁英球員」和球隊贏得總冠軍與否並無多少關係。隊上有超級明星雖然能助球隊得分，但有許多超級明星卻並不能讓球隊獲勝。實際上，個人球員數據最傑出的團隊往往比明星較少的團隊吃更多敗仗。一旦你有了某種程度的技巧——比如專業NHL球員的身分，造成差異的就不是球員有多傑出，而是他們合作得多傑出。

我們在接下來的章節中就會發現，答案往往有悖常理。改變歷史的團隊——改造產業、打破壓迫或停滯的循環，或者連續幾十年贏得冰球總冠軍的團隊，並不是我們想像的那種團隊，它們脫穎而出的原因深藏在表面之下。

可是一旦我們了解夢幻團隊如何運作，它的道理就可以應用在一切事物上。從我們的私人關係，到我們的日常工作、我們的業務和理想、我們的社區，到迫切需要我們停止分化、開始攜手突破的這個世界。

本書要談的就是怎麼施展魔法。

第一章 神鬼妙探和山巔

「我想我毀了這場婚禮。」

1

這些芝加哥偵探什麼地方不去，竟然去巴爾的摩；什麼案子不查，偏偏在調查一宗火車劫案時，結果卻查出企圖暗殺他們家鄉國會議員的陰謀。

這是寒風刺骨的二月，巴爾的摩內港（Inner Harbor）附近南街的一間辦公室外懸著「約翰．H．哈金森，股票經紀人」的招牌。這辦公室是個掩護——其實是哈金森私家偵探社的臨時總部。這家偵探社的專長是處理詐騙和企業間諜案，尤其擅於替不想聲張的客戶辦案。

哈金森（John H. Hutchinson）手下的幾名偵探已在這個祕密辦公室裡住了幾週。他們是受一家當地鐵路公司總裁山繆．費爾頓（Samuel Felton）之託辦案。他們被聘請調查一宗陰謀，傳言說有人準備要破壞數百萬美元的火車貨物，給費爾頓好看。當時巴爾的摩的政治情勢緊張，費爾頓擔心會有「大規模的組織陰謀」對付他，恐怕涉及市警局人員，甚至更高層級。他越想越怕，決定聘請外人來調查傳言是否為真，再決定是否報警。

這種事哈金森最厲害。他是標準的創業家，擅長解謎的他書沒唸完就輟了學，擔任警探，後來自己開私家偵探社，已經開業十年，大案子通常都是由哈金森親自運籌帷幄。

針對巴爾的摩鐵路一案，他也派出自己的菁英探員：由韋柏斯特探員擔綱，身材高大的他是英國移民，一頭捲髮，留著只能用「潮」來形容的鬍子。[8]韋柏斯特生性強悍，經驗豐富，踢破房門或者跳下正在行駛的火車，對他都不是難事——他在追逃犯時確實這麼做過。他是個顧家的男人，有四名子女，曾在紐約市警局擔任警官逾十年。

而韋柏斯特的同事沃恩探員狡黠伶俐，魅力十足，才二十八歲。韋柏斯特是果斷的行動派，沃恩則嘴巴很甜，擅長偽裝——身材瘦削，卻像變色龍一樣，教人不知不覺就說出線索。

他們兩人這個月來一直在巴爾的摩警員常去的地方出沒，追蹤費爾頓的鐵路陰謀的消息，但卻聽到了另一個傳言，讓他們火速趕回總部來。這個月中，他們已經確定了一群腐敗官員和在政壇失勢的社會名流要給費爾頓和其他巴爾的摩的要人好看，但據他們所知，這些人只是嘴巴說說，並沒有實際的行動。

擅長和警察打交道的韋柏斯特在當地警察下班後常去泡的酒吧搭上了幾個朋友，而沃恩則在晚上喬裝之後，混入社交名流常去的場所，偷聽正在醞釀的陰謀。兩人這用這樣的方法，拼湊出真正陰謀的細節：

基本上，這是恐怖行動。這群人對政治感到不滿，認為巴爾的摩受到忽視，他們想要傳達一個訊息——政府無能。「看看我們的城市，」一個陰謀分子吐露：「說說看，我們是不是完了。」他們思索幾種引人注意的方法，比如毀壞費爾頓的鐵路。但最近他們想到的是更明目張膽的作法：刺殺一位即將行經本地的知名國會議員。

這個國會議員——雖然很受民眾愛戴，卻是個極端的共和黨人，他是完美的目標，

8 有人告訴我，誰用「潮」這個字，自己就是不潮。鬼扯。

因為他代表這些極端分子所憎恨的一切政治現況。他們覺得如果他一死，固然會讓舉國震驚，但這才能帶來他們所希望的對話。然後他們再進一步把馬里蘭州長幹掉。一個陰謀分子說，每一個「背叛上帝和這個國家的人」都要死，以儆效尤。

這個陰謀也有高層參與。一個名叫費蘭迪尼的警隊隊長發誓，一定要讓這個外州國會議員會「死在這裡」，警察局長喬治．凱恩（George Kane）也贊同這些極端分子的作法，表示會睜一隻眼，閉一隻眼。

這位國會議員曾公開他的計畫，要和民眾在一起，他會搭火車由伊利諾州到華府，途中安排一連串的演講。他會在哥倫布、匹茲堡、紐約、費城和哈里斯堡停留，然後搭火車到巴爾的摩，由司機開車送他到尤托之家（Eutaw House，旅館）發表簡短的演講。演講結束後，司機再送他到一哩外的火車站，前往華府。

在美國，地方警察武裝護送來訪的政治人物已成慣例——通常會造成道路壅塞，警笛大響的炫目景象，不過極端分子擬定的計畫是，凱恩局長會在最後關頭聲稱沒辦法讓任何警察到火車站去接國會議員一行人，他們只能自求多福。

陰謀分子會沿路布樁，傳遞國會議員一路上的相關資訊。他們準備在他穿越火車站走廊去見接他的司機時，發動「街頭鬥毆」，分散安全人員的注意力。這時會有一群假扮的通勤者蜂擁而上，其中有些人會持武器——其中至少有一名警察，由他們槍殺國會議員及其隨員。

哈金森聽取韋柏斯特和沃恩的情報，不由得憂心忡忡，這情況比破壞鐵路嚴重得多。他們得提醒當局。但是這個陰謀發展到了什麼層級？哈金森派出沃恩去警告這位國會議員，建議他直奔華府，跳過在巴爾的摩的演講。

可是這位國會議員卻考慮：以目前的政治氣候來看，取消全部的演講在政治上會造成災難；現在暴露恐怖分子的陰謀，日後會更難逮到他們。可是謀殺的陰謀鐵證如山。他問沃恩：在哈里斯堡他最後一場活動結束後，他們能不能護送他去華府，而不驚動當局？

哈金森勉強同意了，他知道洩漏任何消息都可能會阻礙對於陰謀的擴大調查。可是他很緊張，這可不是企業間諜的活動，而是攸關生死。任何人都可能是陰謀分子。

哈金森認為，只有費爾頓先生確定沒有參與陰謀，因為是他最先請他們來調查這些腐敗官員，因此他必然是清白的。現在輪到他們來請他了。

因此，在費爾頓的幫助下，這些偵探設計一個計畫。

在發動陰謀的暗殺之夜，這位伊利諾州第七選區選出的共和黨議員在哈里斯堡發表精彩的演講，全場爆滿。之後議員回到旅館房間，穿戴沃恩為他準備偽裝用的氈帽和休閒式大衣，然後獨自由飯店後門溜出來。哈金森和一名保鏢在那裡迎接，並陪他搭夜車去費城。沃恩正在那裡等待，為他們的「家人」包了一輛車，因為他們的「肢障兄弟」需要特別的協助。

在費城換車時，這位偽裝的國會議員一路跌跌撞撞的走過車站，精彩的扮演肢障兄弟的角色。準備報告議員行蹤的陰謀分子同夥雖等在外面，卻並未注意到議員一行人越過車站，登上赴巴爾的摩的火車。

同時，哈金森的手下正忙著改變火車路線。他們悄悄的安排赴巴爾的摩的早班火車放慢速度，並且沿岔路走，讓國會議員的列車能加速，並比預訂的時間更早到達巴爾的摩。

他們按計畫提早抵達。這回同樣沒有人注意到戴著牛仔帽的「肢障」者和家人換了車，搭上往華府的早班列車。

往華府的列車開動時，費蘭迪尼警察隊長和陰謀刺殺的那夥人還在巴爾的摩車站外等待。渾然不知化了妝的國會議員就從他們眼前走過。

火車一路行經米德堡、格蘭岱爾、藍道佛山，沃恩探員整夜不曾闔眼。車過安那考斯迪亞河進站時，國會議員正在打瞌睡，但他醒了過來，步出車廂，走進濛濛的華府清晨。

他——亞伯拉罕．林肯就在這裡宣誓就職，成為美國第十六任總統。

2

我們將由警察開始，展開我們對於突破性團隊的科學冒險之旅，以解決大大問題的小小夥伴關係。促使警察工作優異的原因正說明了夢幻團隊運作的基本原則。這讓我們能做好準備，探索其他各種類型的團隊，從樂隊到企業，從軍隊到社會運動。

破解暗殺林肯的「巴爾的摩陰謀」是很適合我們開始研究的個案：我們有兩組合作

團隊，其中之一人數寡不敵眾，火力不如人，時間又緊迫；另一組則是大型團隊，有各種關係連結，而且協調合作。哈金森、費爾頓、沃恩和韋柏斯特要由劣勢中取勝，必須在最後關頭以各種聰明的方法解決一連串問題，演出精彩的交響樂。他們要偽裝自己，破解敵人的計畫，並精心策畫，才能拯救一個人的性命——說不定也能拯救一個國家。而且他們還要祕密作業。

其實就連約翰．H．哈金森這個名字，也是假名。

或許你曾聽過他的真名：艾倫．平克頓（Allan Pinkerton）。在巴爾的摩陰謀事件之後，平克頓的國家偵探社（National Detective Agency）成了史上最知名的偵探社。

這也提醒了我，還有一件事得告訴各位。

關於這位魅力十足，愛變裝的二十八歲偵探，是拯救林肯的關鍵，和我們探究的突破性合作也息息相關。

這將有助於我們理解夢幻團隊的第一個，也是最基本的要素。

如果你和大多數人一樣，可能會認為是沃恩探員是男人。

但她不是。

3

讓我們面對現實，如果聯邦調查局要維持在社會大眾、違法犯紀、亡命之徒、逃兵叛將等人眼中的可信度，如果我們要持續保持彈性、機動、做好一切準備的特勤小組，我們就必須繼續只限男性加入。

——艾德加．胡佛（J. EDGAR HOOVER，一九七一年三月十一日）

4

凱特．沃恩（Kate Warne）是我們所知美國史上第一位女探員，過了很久，才有更多女性加入這一行。女性一直不得加入警局，直到巴爾的摩陰謀之後三十年，這條禁令才解除，而且還要更久之後，警局才讓女性擔任探員。聯邦調查局一直到一九七二年才有女性探員。

女性執法人員的人數並不多，至少在美國是如此。在撰寫本書時，只有15%的現任警員是女性，聯邦調查局探員也只有20%是女性。儘管退休的FBI探員，也是北佛羅里達大學教授艾倫．葛拉瑟（Ellen Glasser）指出：「在大學中，有一半的刑事司法學生都是女生。」究其原因，常見的解釋很簡單，就如一位前FBI探員告訴我的：大體說來，女性的力氣不如男性。

不論這是好是壞，都是生物的原因，不干平等的事。美國聯邦疾病防治中心（Centers for Disease Control）最近的資料顯示（左圖），89%的成年男性比89%的成年女性強壯。《應用生理學期刊》（*Journal of Applied Physiology*）報導，男性上半身的力量平均比女性高40%。性別相異的兩個陌生人隨機在街頭舉行踢腿比賽，女性獲勝的可能性微乎其微。

人的握力常用來代表體力，下頁圖示就是按年齡顯示男女性握力的強弱。

遺傳學說，女性不擅長追逐壞人，毆打壞人，或者用高大的體型來嚇唬壞人。這就是FBI胡佛局長不讓女性擔任探員的原因。胡佛寫道：「特勤人員的外表、作法和行為必須讓對手印象深刻，明白他強悍、有力、好鬥、掌控優勢、不屈不撓。」排除女性的另一個原因是為求統一。胡佛的探員團隊必須要以同樣的節奏前進，才能成為有效的隊伍。他說：「我們必須擺出最好的陣線。」

你知道嗎？這話講得沒錯。事實證明，有些工作，比如執法部門，確實比較適合男性。沃恩只不過是夢幻執法團隊中罕見的女性。她是迄今為止該法則的例外。

然而，事實證明胡佛錯了，上面這兩段全是胡說八道。

FBI探員克麗絲·楊（Chris Jung）和一名紐華克（Newark）黑幫老大的故事說明了原因。

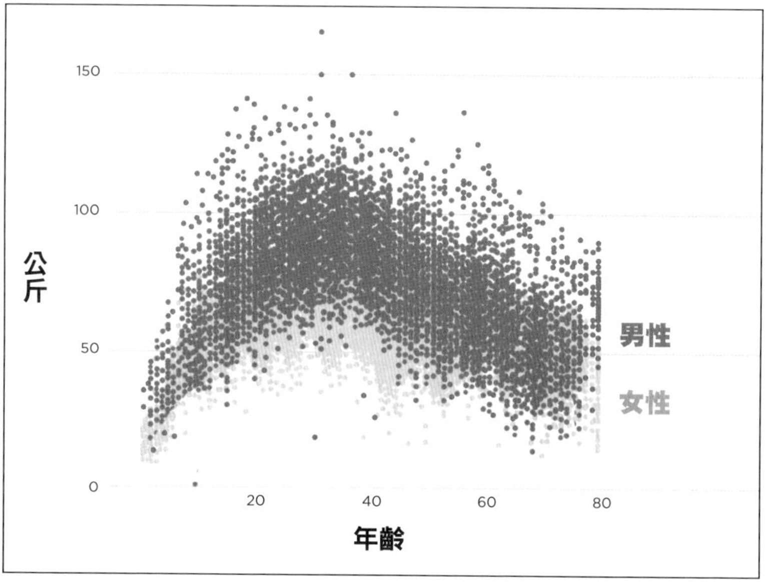

美國聯邦疾病防治中心資料

5

晨曦映照在新澤西州紐華克市邊界帕塞伊克河（Passaic River）裡漂浮的垃圾上，車子的喇叭聲響起，隨著穿著喇叭褲的通勤者湧進河西岸林立的辦公大樓，街頭騙子也開始活動。在其中一棟大樓裡，FBI的探員正準備突襲行動。

哦，應該可以算是突襲吧，他們正在準備，只是還不確定是什麼行動。

一九七〇年代，紐華克是由幾個義大利裔的美國黑幫家庭集團掌控。盧切斯（Lucchese）家族掌控送報和經猶太認證的肉品工會，吉諾維斯（Genovese）家族以創始人「幸運的」盧西安諾（"Lucky" Luciano）知名，當然還有德卡瓦爾坎特（DeCavalcante）家族，它實際上的老闆據說就是HBO影集《黑道家族》（*The Sopranos*）中角色湯尼的藍本。他們控制了全市的賭場、碼頭、收垃圾和凶殺。

要黑手黨老大上法庭是件難事。但在一九七四年春天，FBI挖出一些關於其中一位老大的齷齪事蹟（我所訪問的FBI探員雖願意講這故事，卻不願告訴我究竟是哪一個頭目，所以我們只好稱他「隆巴迪先生」。）

挖出來的齷齪事蹟足以傳喚隆巴迪，或強迫他出庭作證，只是有個問題。法律規定傳票要人工送達。一旦你收到傳票，就得依法律規定出庭，否則可能會被捕。但如果你是黑手黨頭目，上法庭恐怕非常危險，你可能說出你不該說的事，或者更糟糕的是，別的黑幫分子擔心你會說出來不該說的事。

這些黑道人物此時已經想到，避免入獄或者被其他黑幫分子做掉，最好的方法就是避免被傳喚。如果法院的傳票無法送達，就不能強制執行。所以他們擬訂一個簡單但有效的策略：老大周圍總有層層保鏢，讓警察根本沒辦法和他說話。因此一九七〇年代紐華克的犯罪組織頭目就以這種方式在城內走動，但卻沒有人能接觸他們。

隆巴迪知道FBI想讓他出庭，因此調查組織犯罪執法小組所有的探員，記錄他們的行蹤。只要有黑手黨保鑣不認識的人接近，就會被攔下來，直到確定身分，獲准和老大接觸為止。

FBI的探員幾週以來想盡辦法要接近隆巴迪，遞送傳票。比方說他們想趁他出外用餐時埋伏接近，但保鑣卻擋住去路。他們得有更周詳的計畫才行。

十幾位探員和組織犯罪執法小組的主管一起開會，集思廣益。他們認定非得用突襲的方式不可，問題是遞交傳票是一項要求，卻不是逮捕。你不能真的拿槍逼人收傳票，你也不能因某人妨礙你遞交傳票而槍殺他。

這些探員左思右想，不論如何脅迫、恐嚇，或一路和隆巴迪的保鏢對打的方法都行不通。

這時另一個部門的新手克麗絲．楊舉起手。組織犯罪執法小組因為黔驢技窮，因此邀她與會。在這個關頭，他們什麼建議都願意考慮看看。

她一說話，所有的男探員都全神貫注。「隆巴迪先生的女兒兩週內就要結婚。」她指出重點。

這讓她想到一個主意。

兩週後，一輛由司機駕駛的黑色轎車停在隆巴迪一家辦女兒婚宴的禮堂。一位踩著高跟鞋，身穿紫色高領禮服的優雅女士走了出來。

警衛目不轉睛的望著克麗絲．楊風華絕代的走進大廳。一如她在隊上會議所預料的，警衛並沒有阻止她。在這樣的場合沒有任何人會懷疑像她這樣盛裝打扮的女人可能會是FBI探員。沒有人質疑她是否獲得邀請。

一旦進入會場，問題就簡單了。楊直接走到最前方，快樂的新人和家人正在招呼客人，新娘很漂亮，站在她身旁的是新娘的父親——容光煥發的隆巴迪先生本人，直到楊走上前去，把傳票交給他。

「享受這個夜晚。」她說。

這男人盯著她轉身離開。直到她走出大門時，這名黑手黨老大才開始吼叫。

司機是探員同事喬裝的，他一直開著引擎在等她。楊說：「我想我毀了這場婚禮。」澆了一盆冷水嗎？是的，但事實證明，這是關鍵。

6

下面這個的統計數據可能教你大吃一驚。全美國警察中有12%是女性，但女警開槍只占全美警察的2%。[9]

奇怪的是，這點似乎並沒有降低女警的成功率。按警察個人而言，女性打擊犯罪的成績似乎和男性不相上下。

只是女警射擊嫌犯的可能性比男性警察要低六倍。更教人驚訝的是，根據「全美女性與警務」（National Center for Women and Policing）研究，女警濫用暴力的可能比男性警察低八倍。和有女警參與的警察搭檔犯錯較少，而且一般而言，能以較少的副作用去解決問題。

打扮得漂漂亮亮去送傳票，聽來似乎不如霹靂小組突襲那麼刺激；國會議員戴上帽子去搭午夜火車似乎也乏善可陳。但我們剛舉的這兩個女性執法人員的故事卻澄清一個常見的誤解：這工作要靠子彈和肌肉才能完成。

沒想到打擊犯罪通常和打鬥無關。我們可以專挑形形色色非得有警察和罪犯肉搏（像電視描繪的那樣）才保家衛民的故事，但FBI和隆巴迪先生周旋的案子，正是大多數情況下發揮效果的作法。前FBI副局長珍妮絲．佛達西克（Janice Fedarcyk）說：「這份工作的本質，主要是在良好的判斷力和解決問題的技巧。」而根據聯邦調查局的報告，警察部門和情報局的女性在不動用武力下降低危險性這方面，平均表現比男性傑出。

這一切卻帶來幾個問題：如果執法確實和良好的判斷和解決問題的能力息息相關，那麼為什麼女性會比男性少出錯？男性也一樣聰明啊。此外，如果女性在這種工作上表現傑出，那麼為什麼女性執法人員依舊這麼少？

原來這兩個問題都有同一個答案。

美國菸酒槍械管理局（the Bureau of Alcohol, Tobacco, Firearms and Explosives）前副局長凱特琳．基爾南（Kathleen Kiernan）的辦公桌上放了一個被鎖住的掛鎖，她多次用它來說明為什麼女性在執法時會比較成功。

她會把掛鎖遞給你，請你解開。她說，通常「男性會想盡辦法拆解它、打斷它、破壞它，諸如此類。」但她說，大多數女性會先設法找出鑰匙，或者想辦法讓有鑰匙的人

9 在此我該特別指出，性別並非只有男女二元，不論在身分認同上，或者在身體構造上。但是警方的數據——以及大部分的美國人口統計研究，在這方面卻總是把人分為男性、女性或「不願意回答」。由於在撰寫本文時，人口統計數據顯示自認為性別屬非二元或跨性別的人口比例不到全美總人口的半個百分點，因此我們沒有足夠的數據關注男女二元化以外的想法，或者對此做出確切的結論。不過就如我們在本章結束時會看到的，我們要探索的理念，遠超越男女二元的觀念。

在心理上屈服，而不是實際去開鎖。

基爾南認為，這是大多數從事執法工作的婦女解決問題的方式。她們大半都認為蠻力不能解決問題，所以在訴諸武力之前，先採用談判和溝通等工具，而且往往證明這是更好的方法。[10]

丹尼絲·湯馬斯（Denise Thomas）是紐約布魯克林凶案組首批黑人女警之一，她在紐約警局服務了三十年，同事對她都十分敬重。她打擊高中校園暴力，解決幾十年的凶殺懸案，碧昂斯老公傑斯（Jay-Z）當年在布魯克林的瑪西公屋區（the Marcy Projects）賣毒品快克古柯鹼時，湯馬斯就在那裡逮壞人。她告訴我，大半時候這是份心理工作。她說：「你必須擅長和人打交道。」這個工作不是要你去打架，而是去緩和劍拔弩張的情況，解除戰鬥的武裝。「你得化解局勢，說服他們。」

一個又一個探員，一位又一位警察，說法都大同小異。佛達西克[11]告訴我，身為年輕的地方警察，她很清楚這一點，因為「女性上半身的力量不如男性，我不得不培養溝通技巧，消除可能升溫的局面。」[12]

想想克麗絲·楊和黑手黨老大。FBI的男性探員一直在兜圈子，苦思該如何突破隆巴迪的層層保鑣傳遞傳票，楊卻穿上晚禮服，大搖大擺的走了進去。回頭來看，這實在是很簡單的作法，可是男性探員卻從沒想到。會議室中唯一的一位女性卻認為這理所當然。

那麼為什麼沒有更多女性投身刑事司法體系，加入執法部門？有人說原因是女性自認為打不過男人，也有人說女性不喜歡執法單位散發的那種男生俱樂部氣息，或者美國執法界的暴力特質。但打不過男人也正是讓女性可以更聰明的方式打擊犯罪的原因。

而且這並不是因為女性執法人員的槍法不好。事實上在隆巴迪案中，楊恰好是聯邦調查局的第一神槍手。她是ＦＢＩ的計時槍械測試頭一個獲得滿分的探員，並擔任局內的槍械總教官。

10 許多研究顯示，這正是女性雖然上半身力量不如男性，卻在攀岩時成績更優於男性的原因。

11 在我訪問佛達西克時，她依舊保持最高階女性ＦＢＩ探員的紀錄。

12 在繼續討論之前，我們得先退一步，說明這些有關男女的統計數據大體說來是正確的，但並不是對每一個人都正確。許多女性談判能力都不及格，也有許多男警察思慮周到、溝通時不會咄咄逼人，發火時連打枕頭都不會。我們並不是說性別一定會具有我們文中討論的特徵，只是說可能性比較高。在這種情況下，性別只是代表一種概率。但我們很快就會看到，由人口統計數據預測行為，在這裡並沒有那麼重要。

儘管如此，在她看來，槍械只是更大策略工具的一部分而已。「我們可能比男性更會拔槍，但未必要使用它。」接著她笑著說：「對大多數男人而言，看到女人拿著上膛的槍，才真教他們毛骨悚然。」

在我採訪這些警探，了解關於他們團隊合作的動力時，報紙正好以頭條新聞報導警察施暴數量驚人的消息。好警察遇害，壞警察則殺死手無寸鐵的老百姓，這兩者背後的因素往往是種族和仇恨。美國現在遭遇的是伸展過度的後座力，不論有沒有警徽的好人都受折磨。

在這種暴力背景下，我們迄今所探索的一切會導致一個不可避免的結論。如果我們想在執法方面做得更好，並且減少暴力，最簡單的解決方法就是讓所有的執法人員都由女性擔任。所有的跡象都顯示打擊犯罪的組織如果能去除男性，會變得更好。

可是不行，如果我們這樣做，會有另一個問題。

7

假設你正在舉行喬遷派對，邀請了八位好友前來聚會。你烤了一個美味的圓蛋糕，而且因為你對朋友一視同仁，因此你想要把蛋糕切成同樣大小的八份，平分給他們。

只是有一個問題：

你所用的這把刀，為了某種原因，只要切三次就會壞掉。你要怎麼用三刀把蛋糕切成大小一致的八塊？

如果你和大多數人一樣，可能會先用垂直一刀，把蛋糕切成兩半。

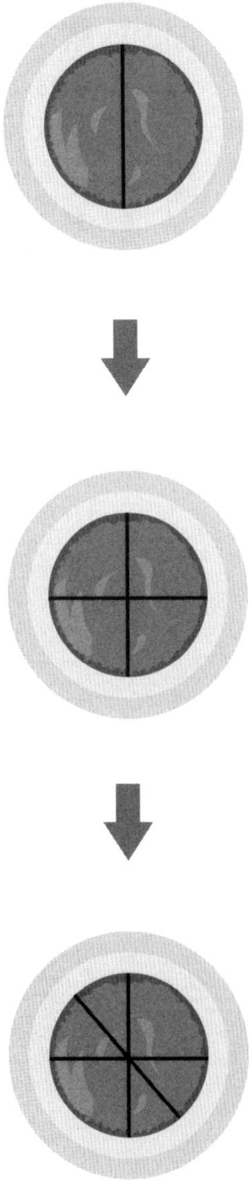

然後，你再水平一刀，切成兩半。

然後，如果你和大多數人一樣，就會在對角線上切第三刀，也是最後一刀，接著卻發現這樣做只能切出六塊蛋糕。

所以你會怎麼做？

此時，你可能會使性子隨便下刀，接著才想到蛋糕大小要一樣，才能讓朋友知道你對他們的愛都一樣。

其實有個簡單的答案，你只需要改變觀點。

方法就是按照如上的方法切頭兩刀，切出四塊蛋糕，然後把頭橫過來，側向看著蛋糕，由中間切一半。

這個小謎題說明一件重要的事情，它很直接的告訴我們一個簡單的事實，那就是有時解決問題最好的方法，就是從不同的觀點去看它。換句話說，就是改變觀點。[13]

觀點是由我們對世界獨特的體驗所建立的。看到建築物起火的旁觀者對於現場所發生的情況，可能和消防隊員、或房子曾經起火的屋主，有截然不同的感受。如果你問高個子，好的航空公司要有什麼條件，他們多半會告訴你「要看腿部空間」，而矮個子的人則會告訴你，要看「肘部空間」。這兩個答案都不能說不正確，是取決於你是否由身高較高的觀點來看世界。

觀點只是每個人心理工具包的一個層面。要引進另一層面，讓我們先回到喬遷派對，看看另一個問題。

假設在餐桌上蛋糕旁有排成一列的六個玻璃杯，前三杯裝滿牛奶，後三杯是空的，如下頁圖示。

13 就技術而言，觀點就是我們把周遭的世界映射到我們自己的「內在語言」的方式，例如，地質學家聽到「rock」這個字時，她的角度可能會使她頭一個想到的事物，和少年聽到「rock」想到的事物不同。（rock可作「岩石」，也可作「搖滾」解。）若比較不以詞彙為重，觀點是我們考慮事物的視野。

現在，假設我要求你移動玻璃杯，讓滿和空的杯子交替擺放。但有一個條件：你總共只能移動一個杯子。

你可以辦得到嗎？

對大多數人來說，這個問題比剛才的蛋糕問題更難。大部分人會把裝了牛奶的第二個杯子放進兩個空杯之間，可是這樣做依然有兩個裝滿牛奶的杯子排在一起。

如果你還是答不出來，不妨試試這樣：

假設我還是要你解同一個問題，可是告訴你要用化學家的作法來解。

就算你先前答不出來，現在應該就會覺得答案很明顯。

把第二個玻璃杯的牛奶倒入倒數第二個空杯，再把玻璃杯放回去。

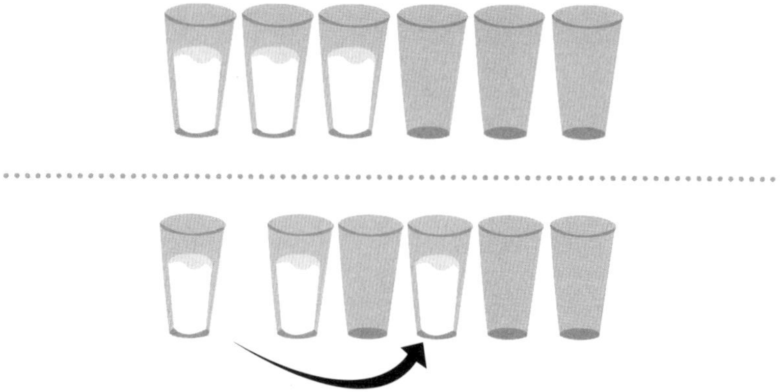

這個問題能讓我們理解一個人心理工具包的第二個層面，稱為「啟發力」（heuristics）。如果觀點是我們看問題的方式，那麼啟發力就是我們要如何解決它。你可以把啟發力視為「經驗法則」（rule of thumb）或解決策略。

要解決牛奶杯的問題，化學家的大腦直覺的反應可能與堆高機操作員的反應有所不同。這並不是說堆高機操作員解決不了牛奶杯的問題，而是說，如果你整天都在操作堆高機搬東西，那麼你重新排列牛奶杯的策略可能就會與成天都在把液體倒出倒入容器的人不同。

我們心理工具包的這兩部分——觀點和啟發力相輔相成。它們也說明在執法時同心協力的重要性，以及在我們這個性別和警察的研究中，真正發揮作用的是什麼。

要理解我的意思，讓我們看看下面這個山脈的圖：

這個山脈代表的是對一個假設問題一系列的潛在解決方法。每個山峰代表不同的解決方法，山峰越高，解決方法越好。生活或工作中的每個問題都可以像這樣，用自己獨特的山脈來代表具有不同品質的解決方法。

如你所見，假設有些解決方法不如其他方法好。在這種情況下，有一個最好的解決方法，也就是在中間的最高峰。

只可惜真正在探索問題時，我們就好像走在霧裡，看不到整座山脈。這意味著當我們看到一座山峰——一個有效的解決方法時，我們無法知道我們是在整個山脈的頂峰，還是只在其中一座山的頂峰。我們得決定自己是否該繼續探索更好的解決辦法。

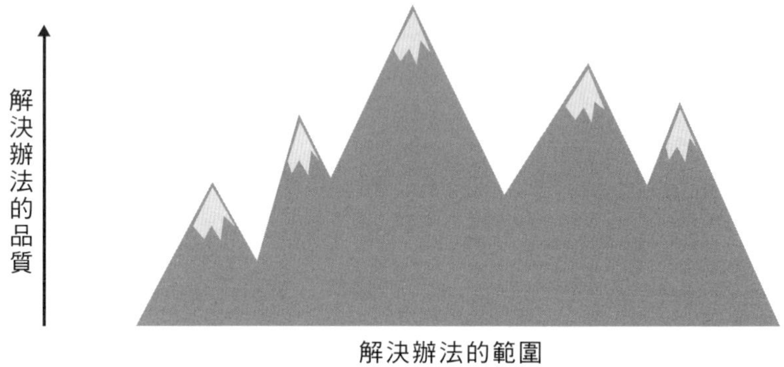

這裡我們又要運用蛋糕的比喻。我們出發登山時——也就是我們所能見到的部分，取決於我們的觀點，就像搭直升機降落在山脈上的某一點。

既然我們落在此地，就需要一個策略——或啟發的手段，協助我們探索解決方法。

比如你對這個山脈還有一種探索的手段，那就是朝同一個方向前進，直到山坡不再向上

升，於是你由山的另一側往下走五百步。如果這時坡度又再度上升，你就繼續向上爬，直到下一個頂峰。但如果你走了五百步下坡，坡度還繼續下降，就回頭走到你前一個碰到的最高點。

如上所示，你的觀點和啟發力能協助你找出一個好的解決方法，但你卻不知道是否還有其他更好的解決方法。

這就是團隊合作派得上用場之處。假如你與和你觀點相似的某人合作解決問題，他在山脈上停下的地方，就和你原本停下的地方一樣。

但是假設你的夥伴啟發力和你的不同。他的策略是一直走到兩座山之間的低谷，然後攀上最陡峭的山峰。他採用這種技巧，可能會超過你停下的地方，繼續前進，發現下一座山的山峰更高。

結果證明我們隊友用不同的啟發力找到更好的解決方法，於是他由他那個山峰向下呼喚你，你爬上去加入他。

團隊合作往往就是這個情況。團隊中擁有最佳啟發力的人，終會找到最佳的解決方法，讓團隊遵循（希望）。這就是為什麼我們要把不同專長的人湊在一起——比如請設計專家和程式專家一起創建一個網站。

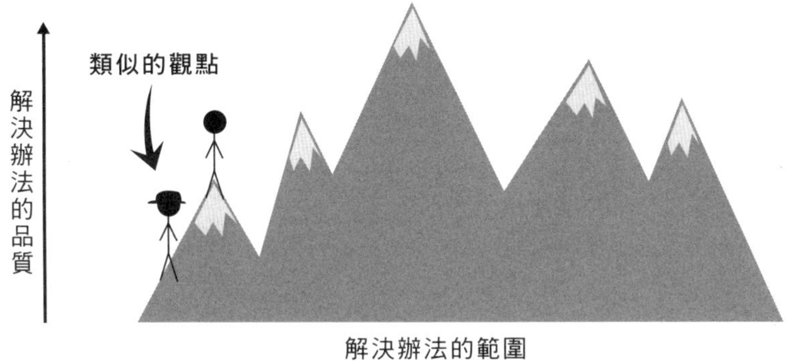
類似的觀點
解決辦法的品質
解決辦法的範圍

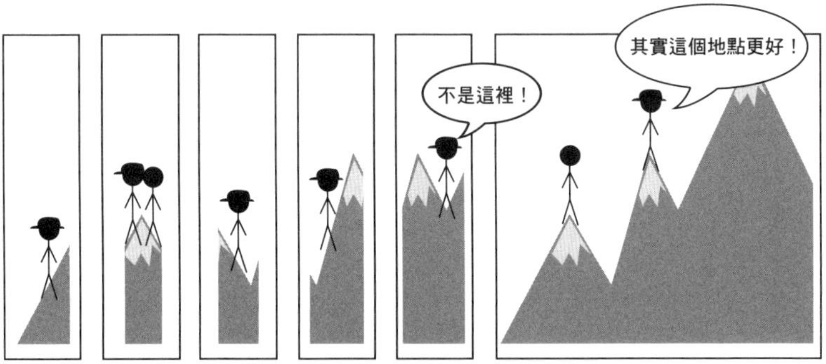
不是這裡！
其實這個地點更好！

然而，採用這樣的策略，你的團隊遲早會碰到一個問題。不論你們的團隊有多少人，如果你們在山上都是以類似的觀點開始，那麼這個團隊最後就會被一起卡在一個山峰上。

但這就是可能會發生趣事之處。

當你引介不同觀點的人加入團隊，她很可能會從整座山脈的不同點開始，她的角度和團隊中的其他成員就不一樣。

讓我們假設這樣的情況發生了。其中一個成員對這個山脈有截然不同的觀點。即使她與你有相同的啟發力（比如你們曾一起去參加登山課程），而且也採用你的「五百步」策略來探索這座山，但她可能因為由不同的地方開始，因此最後找到更好的解決方法。

解決辦法的品質
不同的觀點
解決辦法的範圍

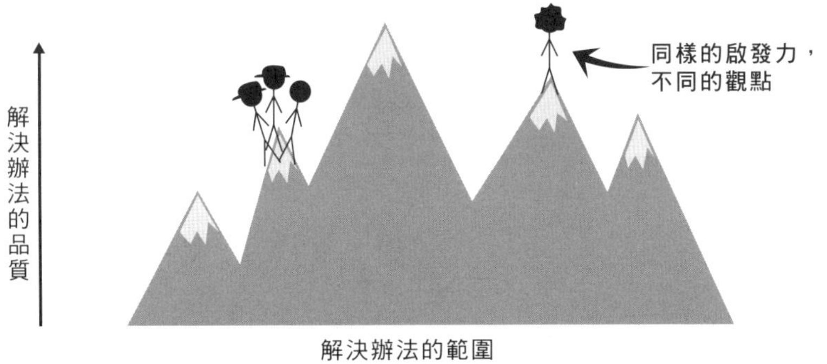
解決辦法的品質
同樣的啟發力，
不同的觀點
解決辦法的範圍

但即使她最後沒找到比團隊其他成員更好的解決方法，她所占的地利也能為團隊提供機會。現在這個團隊可以採用不同的觀點和啟發力組合，探索是否還能發現更高的山峰。在這個例子裡，走到低谷並再向上走到陡峰的啟發力，配合新觀點，揭露這座山脈的最高峰。

如此，整個團隊就能找到只憑個人獨力都無法找出來的解決方法，即山脈的最高峰。

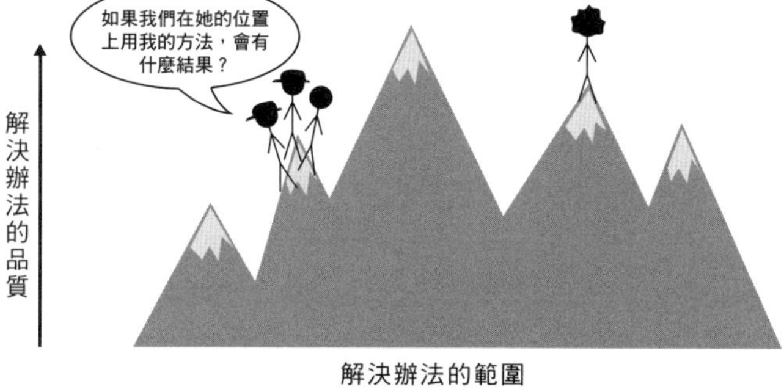

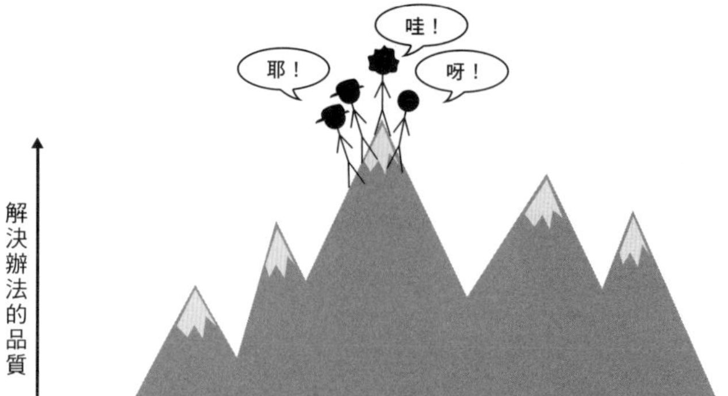

這就是協同作用（synergy）這個觀念背後的數學。各種心理工具包的組合——由側面看蛋糕，和以不同方式移動牛奶杯，能使團隊發揮比各部分相加所得更好的潛力。這說明比起不同想法的一群人來，由想法相同的聰明人組成的一整個團隊反而不容易找到山脈中較高的山峰。這也是第一個提示，告訴我們為什麼有些警察拍檔能夠逮捕更多的壞人，以及為什麼像俄羅斯五虎將這樣的球隊能打敗個別球員數據更優異的對手。

大多數偉大的運動隊伍往往依賴具有各種不同技巧的球員，才能專精不同的位置。但任何專家或運動員都會告訴你，技巧熟練的運動員和世界冠軍之間的區別，並不在於誰體型更高大或更強健。就像警察一樣，世界級的表現往往歸結在運動員的心理遊戲。紅軍非常擅長打冰球，但他們一起思考的方式與其他團隊不同。他們的風格，他們解決問題的方式，他們的「讀心術」為團隊帶來了不同的氣象。不難看出塔拉索夫教練的忍者冰球風格，以及吉洪諾夫教練的強硬態度，使得整整一世代的球員在比同儕更高的山峰上打球。

我們剛剛談的的山峰類比來自倍受讚譽的史考特・佩吉（Scott Page）博士，他在密西根大學教授「複雜系統」（complex systems）。他多年來研究團隊動態，得到確切的成果：具有不同心理工具包的團隊，表現通常都優於「最優秀最聰明者」所組成的團隊。[14]

讓我們把這些條件拼湊在一起。現在我們已經了解，成功的警察團隊關鍵是解決問題的聰明才智，而非體型的粗壯強健。而解決問題的聰明才智來自於團隊「認知多樣性」的功能，因為其角度和啟發力的多樣性。

有些工作，比如生產線，攀爬的是同一座山，只是一而再，再而三的重複；可是打擊和預防犯罪卻幾乎是新的登山問題。這就是為什麼讓女性參與執法能造成改變，但也因為同樣的原因，如果所有的警察和聯邦調查局探員都由女性擔任，並不是好主意。

如果每一位執法人員都像霹靂嬌娃，確實可能會改善許多執法單位的談判技巧，但各單位也可能會射中自己的腳（男警察偶爾也會如此[15]）。執法團隊中一個男性都沒有，團隊登上山脈另一頭、卻非最理想山峰的可能性就會增加。

如果我們要讓執法團隊最有機會解決困難的問題，就必須提出許多觀點。（而且因為我常掉鑰匙，我發現團隊偶爾也需要一個有好啟發力的成員把門踢開。）

說到這裡，我們的討論碰到一個相當明顯的問題：在警察工作中，性別是導致認知多樣性唯一的差異嗎？答案當然是否定的。這讓我們面對一個重要的課題，必須在繼續下個階段之前，先退回來討論。如我們所知，認知多樣性是團隊整體能夠超越各部分相加總和的關鍵因素。但是「多樣性」一詞本身就是棘手的問題，必須先來討論一下。

「多樣性」表面上只是意味著各種不同的種類變化，但這個詞已成為一種委婉說法——尤其是在美國，它意味的就是「族裔」。[16]許多人[17]不好意思堂而皇之的談「族裔」，就用這個詞替代。由於族裔依舊是非常敏感的問題，許多人一聽到「多樣性」也會緊張。

14 如佩吉博士這樣的科學家已開發出可供佐證的數學證據。就像混合各種顏色的顏料可以創造新顏色一樣，混合不同觀點和啟發力也可為問題帶來新的解決方法。

15 我不敢在這裡附上URL連結，不過YouTube上有許多例子，而且這些還只是被攝影機捕捉到的而已！

16 抱歉，但是越來越難放任這個問題而不去理會它。我是美籍白人男性，在成長時期享有比舉世大部分人更多的機會。我既不了解，也沒有權力解決大部分的歧視問題，更不理解在自己國家歷史上留下創疤的可怕暴行。本書並不是要彌補數世紀以來的不公不義，對於遭受苦難折磨的人，我自己並未經歷，因此我個人也難以產生共鳴，我也不打算假裝。幸好人類合作的研究是一門科學，因此我們以這個角度來探究這個問題。希望書中討論的內容能夠讓我們一起攻擊不公的問題。要成為更好的「我們」，需要你我一起努力，因此感謝諸位能在這裡，並信任我的用意良善。

其實，「多樣性」並不是指族裔，也並不是指性別——這是大家聽到這個詞，第二常聯想到的事物。

不過，因為這是個會引起強烈情緒的詞，接下來我在本書會以「差異」來形容兩種以上不同的事物，以下如果我用到「多樣性」，則會配以形容詞說明其特徵，比如「人口多樣性」或者「鞋子尺碼的多樣性」[18]。我建議各位也採用這個好習慣。

既然我們已探索、認知多樣性的力量，後面就有趣了。不過在我們繼續之前，還有一件事得要留意。

有些人可能會把我們在切入角度和啟發力方面學到的教訓用在其他種類的差異上——甚至以它為藉口，說如族裔和性別等人口的多樣性**無關緊要**。這是糟糕的想法，我們必須抗拒這樣的誘惑，理由如下：

預估認知多樣性最準確的方式，就是打開某人的腦袋，研究他們的神經構造。不過我們並不是〇〇七電影裡的壞蛋，必須另覓不同思想的方法。我們得要能依據其他線索，做出最正確的揣測。

看事情的角度和啟發力來自我們的人生經驗。我們的神經通路在我們的生活中成形，因此如果我們越能辨識出人生經驗的差異，就越能預測認知的多樣性。

有些經驗很明顯就可以被看到：我們在不同學校學習不同科目，在不同的城鎮中成長，各有不同的經歷。

但我們還可以更深入。我們的大腦每天都由各種微小的經驗所塑造，而這些經驗受我們看待世界和自己的方式所影響。至於我們看待世界和自己的方式，又被這個世界如何看待我們影響。因此，如果有一群看法不同的人，或者在某些方面以不同的方式識別自己的人，我們就可以揣測他們會以有別於我們的方式思考。

換言之，如果你我分屬不同的年齡或族裔或性別，我們所體驗的人生就很有可能不同，人們以不同的方式看待我們，以不同的方式和我們說話，約我們去做不同的事。他們在不同的時間接納我們，或者排斥我們。至於像身高、年齡或體能等的差異，可以讓我們名副其實的以不同的角度來看事物。有時這些各式各樣的經驗很細膩微妙，有時則

17 資料顯示白人在直言不諱「族裔」一詞時最不自在，比如，美國研究機構丕優研究中心（Pew Research Center）二〇一六年的研究發現，只有８％的白人在社媒上直言族裔，而黑人在社媒上談族裔的人數是四倍。

18 本書不會談鞋子的尺碼，不過我們會談到水泡。

很明顯。但它們逐漸拼湊出心理線路，這些拼湊塑造了我們的角度和信念——我們如何界定和預測事物。也協助我們培養啟發力和技巧——我們如何面對和處理事物。[19]

因此事實證明，人口族群的差異是說明族群內部差異的良好指標（左圖）。

讓我們用另一個假設的情況來說明認知多樣性的實際運作：

假如現在是二〇一〇年，你在製作一部電影，由湯姆漢克斯主演，但就在開拍前的最後關頭，湯姆漢克斯辭演了。你打算找誰替換他？

佩吉博士喜歡拿這個問題問他在密西根大學的學生，不過我是怪咖，所以我決定拿這個問題來問數千名美國成年人，在網路上收集答案，然後按回答者的種族把答案分類。

結果我發現，白人會提出不少替代湯姆漢克斯的人選：喬許布洛林（Josh Brolin）、哈里遜福特、休葛蘭、布萊德彼特，和（我最喜歡的）萊恩葛斯林（Ryan Gosling）。小勞勃道尼（Robert Downey Jr.）的票數不少，也有很多人選擇湯姆漢克斯之子柯林。

不過，有52%的黑人選擇的則是同一個人：丹佐華盛頓。

除了種族之外，湯姆漢克斯和丹佐華盛頓是好萊塢最相似的兩位演員。他們的年齡和身高相仿，風度類似，長久以來都是顧家的好男人。他們都是全方位的演員，也都贏得同類的獎項。兩人都拍過有趣的電影，但並非諧星；兩人都拍過叫好以及叫座的名

19 必須注意的是，到頭來，擁有不同的觀點往往會導致不同的啟發力。由側面看蛋糕的人可能會和只由上面看它的人有不同的切割方法。雖然不能保證百分之百如此，但機率很大。

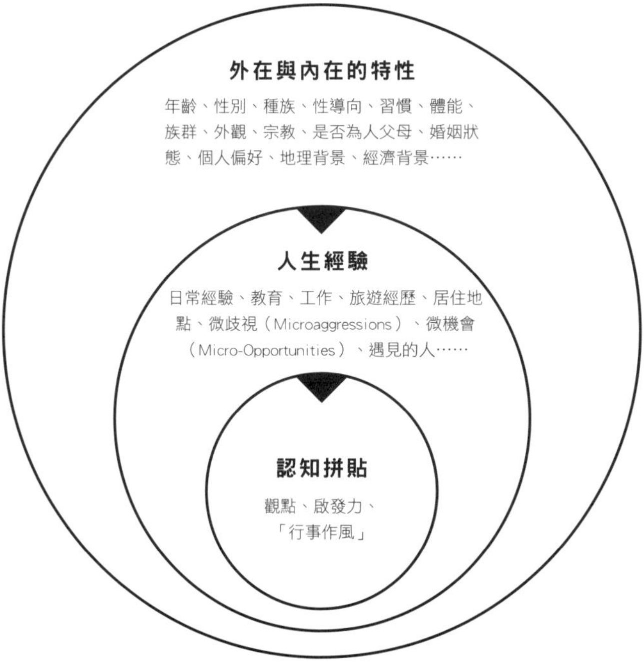

片。他們甚至連片酬都相去不遠。

其實丹佐華盛頓可能是最適合取代湯姆漢克斯的好萊塢男星。就像我們先前提出的蛋糕問題一樣，一旦點出答案，這一點就很明顯。可是由黑人的角度卻比白人更容易看出來。

值得說明的是，並不是身為黑人就會選丹佐華盛頓，只是黑人選他的機率比白人選他大得多。我要再強調的是，造成差異的原因是你思考的方式，而這又和你所經歷的諸多小事相關。[20]

生活經歷就會塑造我們的「行事作風」（how we roll），領導力轉型傳奇教練——SYPartners 創辦人山下．凱斯（Keith Yamashita）經常運用這個詞。基本上這意味著我們獨特心理組合的日常運用。[21]山下說，偉大的團隊會盡可能了解成員們的行事作風：他們如何學習最有效果？他們在上午還是下午做原創工作最好？他們如何管理自己的時間？他們怎麼樣才能茁壯成長？他們如何爭論？他們最大的優勢是什麼？他們的超級強項在哪裡？

接下來，山下建議：不論什麼時候，只要我們面對挑戰，應該先退一步做兩件事：「首先，花點時間界定問題。」我們面對的是常規的問題嗎？需要有所突破嗎？風險有多高？常規問題不需要多少（通常一點也不需要）認知多樣性，但新的問題卻能因認知多樣性而受益匪淺。山下說：「根據界定問題的結果，做一次選角。」他刻意使用「選角」一詞。電影導演用人不會在周遭隨便找個人，或者沿用上一部電影中的演員。每部電影的演員都需要按照情節和腳本重新選擇。

了解「行事作風」，不僅有助於團隊成員欣賞彼此的差異，也是務實的方法，讓我們得以考量哪一位成員最能貢獻他們的心理工具包。山下說：「我可能是同志、或亞裔

---

20 我的朋友艾瑞克是墨裔美籍，他是很好的例子，說明我們的心理拼貼如何受到各種經驗所塑造。他說：「我會說好幾種語言，所以即使你說中文、英文或非洲斯瓦希里語，我也能和你產生共鳴，因為我知道用一種語言思考，用另一種語言夢想的感受。」艾瑞克說，儘管他和導演喬治·盧卡斯的種族不同，但在許多方面，他的思考方式都更像盧卡斯，而非其他西語裔。他和盧卡斯都在加州小城莫德斯托（Modesto）長大。如果以上述的問題山脈為例，艾瑞克雖是西裔，但他加入北加州黑人和白人的群體中，可能不會為這個群體增加多少認知多樣性；讓他加入一群墨西哥市民，反倒能夠增加那個群體的認知多樣性。

21 數十年來，山下已為蘋果的賈伯斯、星巴克的霍華德·舒茲（Howard Schultz）和媒體名人歐普拉·溫芙瑞（Oprah Winfrey）等執行長徹底改變與團隊合作的方式，教他們如何發揮認知多樣性。他會是你所見過最有趣的人。

父親，也確實如此。但在特定情況下更相關的差異可能是，『我習慣早起』或『我善解人意』。」

如果我們把團隊組成想成是電影選角，就會把我們的差異看成是才華，而非統計和數字。山下說：「我們不該有諾亞方舟的心態。」並不是**每一次**會議都需要**每一種人**。選角的問題是「哪一群人的組合能讓我們有最好的機會創造突破」？這個問題最教人興奮的部分，不僅是讓不同類型的人一起聚在山上，而是接下來他們會產生什麼火花。

8

美國四所大學的教授在二〇一三年做了一個實驗，他們找來一八六名自認是共和黨或民主黨的美國人，讓他們讀凶殺案推理故事。眾所皆知，這兩派人對許多事情都有不同的看法。每一個參與者都接獲通知，準備與對推理答案有異議的人辯論，其中一半被告知他們將與另一黨的成員辯論，另一半人則被告知會與同黨同志辯論。

接下來發生的事很有趣。

儘管這個辯論的題目與政治無關，但聽到自己將與民主黨人辯論的共和黨人，準備更精妙的論點；聽說要與共和黨人辯論的民主黨人亦然。

這項研究的結論是，和觀點不同的人一起工作，「會讓我們展開認知行動」，但在與我們認為和我們觀點相同的人合作時，卻不會有這樣的行動。「光是與不同陣營的人互動，就會促使團隊成員做更充份的準備，預測對方會採取其他觀點，並認為需要努力，才能達成共識。」該研究報告的作者之一，哥倫比亞商學院副院長凱瑟琳·菲利浦斯（Katherine W. Phillips）博士寫道：「光是在群體中增添社會多樣性，就會讓人們**相信**他們之間可能會有觀點差異，而這種信念會讓人改變他們的行為。」[22]

麥肯錫公司和觸媒集團（Catalyst Group）兩大顧問公司所作的研究顯示，公司高層（尤其是董事會）如果觀點不同的人較多，就越可能產生利潤較高的策略，也越能避免做出愚昧的決定——比如購併不良的壞公司，原因就在這裡[23]。也因為同樣的原因，

22　還有一個有趣的研究結果，是關於警察的兩性組合。《警察與安全期刊》（*Journal of Policing and Safety*）上刊載的一項經典研究顯示，男性搭檔對女警亦有好處。有異性搭檔的女警對工作較有信心，在面對嫌犯的情況下，也能更正確記得細節。

所以來自世界各地移民較多的城市能有較多的專利。周遭如果有不同的人，大家就會以更具批判性的方式思考。

如果你找來一群人討論如何重新裝修某棟建築物，這時有個坐輪椅的人來參與計畫，那麼人人都會突然有略微不同的觀點。

或者，一群男性執法人員有了女性的夥伴，這些男性就會突然以較嚴謹的想法，面對手上的挑戰。

而且反之亦然。

9

一八五六年，沃恩初次走進平克頓設在芝加哥的辦公室面談，平克頓以為她是來應徵祕書工作，可是當時大約二十三歲的她卻說要來應徵當偵探，讓他大吃一驚。

沃恩很年輕就守寡，她在龍蛇雜處的芝加哥街頭學會如何保護自己。她知道自己有偵探社需要的獨特技巧。

平克頓驚呼：「我們沒有雇用女偵探的習慣！」

沃恩知道，但她堅持，她雖沒有發達的肌肉，但會用聰明才智彌補。她指出，女性注重細節，又有耐心，何況「在許多場合，男偵探不可能探聽消息，她就可以發揮用處。」

當晚平克頓左思右想，儘管他的夥伴都反對，次日他還是聘用了沃恩。

他沒有後悔。沃恩是他最得力的探員之一。「她從未讓我失望。」平克頓後來說。

---

23 根據不同的研究，其他減少錯誤生意決策或警方射擊失誤的因素包括：團隊中有年齡差異的成員、有異性戀和同性戀成員、有已為人父母者和尚未生育者——都能提高團隊做出正確決策的機率。

而且她也改變整個偵探社的動力。

我們應該注意，沃恩的性別為偵探工作帶來兩個領域的優勢。第一個是外在的，身為女性，她可以在壞人的眼前，卻不會引起懷疑，就像克麗絲．楊在黑幫老大女兒的婚禮上一樣。但更重要的第二點是，沃恩為平克頓的公司帶來不同的思維方式——就像因為克麗絲．楊的想法不同，而能協助聯邦調查局想出更聰明的計畫一樣。沃恩的偽裝和計謀是拯救林肯的關鍵。

沃恩改變平克頓對偵探工作的看法，讓他建立史上最成功的私人偵探社——為聯邦調查局奠定了基礎。[24]因為沃恩，平克頓把偵探社標誌設計為一隻眼睛，下面寫著「我們從不睡覺」——意味著她整夜不睡守護林肯。這個商標吸引社會大眾，成為「private eye」（私家偵探）一詞的起源。

沃恩，韋柏斯特和平克頓共同組成夢幻團隊。這個偵探社，尤其是這三個夥伴，塑造了今天的私人偵探行業。

沃恩對平克頓偵探社居功厥偉（有報紙稱她為「美國最優秀的偵探」——也許是全世界最優秀的偵探），因此平克頓讓她組了一個部門，稱作「女偵探部」，負責提供女性夥伴，和男偵探合作處理各種案件。平克頓希望他手上的每一個案子都能有夢幻團隊。偵探社內男女兩性分別敘階——反映出十九世紀社會的情況，但在那個時代，僅僅在偵探工作中納入女性，就已是非常先進的想法。在平克頓看來，更重要的是納入女性對辦案有重大幫助。

他深信認知多樣性的力量。

巧合的是，當時對認知多樣性最知名的擁護者，就是林肯總統[25]。許多書籍和電影都詳細記載林肯如何說服他在思想體系上最大的競爭對手，一起到白宮與他合作。林肯知道若他的團隊成員有不同的思考方式，能讓他盡力贏得內戰，保持國家完整。

如果在他之後能有更多總統了解這一點就好了。

24 遺憾的是，在林肯遇害當天，祕密情報局的法案就躺在他的桌上。

25 林肯也是第一位模仿肢障者的美國總統。在寫作本書之時，歷史上共有兩位美國總統這樣做過，一位是為了避免遭暗殺，而另一位則是為了人身攻擊。（譯按：暗示為川普總統）

到目前為止，我們已經看到人們如何藉由結合認知多樣性，共同完成豐功偉業。你會發現到目前為止，我們所見到的每一位夢幻團隊成員，都為其團隊帶來不同的工具包。沃恩和韋柏斯特對平克頓的偵探夢幻團隊貢獻截然不同的事物。而我們所談到蘇聯的冰球隊員，雖然在球場上彷彿可以讀懂對方的心思，但他們各自還都帶了截然不同的事物上場。如果說紅軍能夠獨霸天下是因為教練的啟發力和觀點的組合——塔拉索夫強烈的創造力和吉洪諾夫的鐵腕作風，我們尋求夢幻團隊的過程中，還有其他條件需要被滿足，但正如前述所見，沒有不同的心理工具包，就限制了我們攀爬山峰的高度。

請注意，這和我們在許多組織中聽到的建議恰巧相反。人家常說：**去找更多像那樣的人來！**或聲明：**讓我們加強我們的優勢！**或勸告：**不要聘用她，她和我們格格不入！**

然而，除非你招募的是一群工人，要他們揮動鐵鎚敲破裝配線上的石塊，否則這樣的建議非常愚蠢。「適合」我們的人除了和我們有相似的想法之外，還能讓我們得到什麼？收集我們自己的副本，除了讓更多的人卡在同一座山峰之外，還能有什麼效果？

山下說：「如果你認為你的工作主要是你已知的事物，或是逐漸的按現有的模式遞增……那麼認知多樣性就不那麼重要。」但他也說開拓新領域：「需要不同的角度、不同的想法、不同的做事方式、不同的背景、不同的敏感度、不同的層次、不同的片段。」

確實，在我們跳脫固定的模式時，突破就會發生。我們已經了解，要一起進步，最重要的差異就是我們大腦中的差異，這些差異是由我們的生活經驗所建立的，而這又是由我們自己所塑造的。

了解這點對我們很有幫助。原因是：

1 這讓我們有具體的理由去和與我們並不相像的人合作——這個實用的藉口讓我們願意包容，就道德層面而言，這也是個好的作法。

2 這讓我們了解在組隊解決問題時，要尋覓的條件——不同的角度和啟發力，以及與角度和啟發力相關的事物（經驗、認同，以及族裔、性別等生物上的條件）。這奠定我們接下來進行團隊探索的基礎。[26]

---

26 它也暗示了如果我們自己要以更好的辦法解決問題，個人所該培養的技能組合。山的比喻除了應用在群體之間，同樣也適用於我們的大腦。能夠同時思考多種觀點和啟發力的人，比其他人更有機會找到解決困難問題的方法。就如費茲傑羅（F. Scott Fitzgerald）的名言：「一流智力的考驗，是在心裡同時有兩個相反觀念的能力。」學習這樣做——訓練自己敞開心胸，找出新的觀點，不只讓我們更有合作的能力，也會讓我們變得更聰明。佩吉博士說，畢竟「帶給我們相對論的並不是社會大眾，而是由在瑞士專利局裡工作的一位思想多元且新穎的人那裡得來的」。

至於其他讓一般團隊變為夢幻團隊的關鍵因素，在我們探究這一切之前，還有個我們迫切需要解決的問題。

如果我們認為各自的差異和因此得到的認知多樣性，會使大家集思廣益，變得更聰明。然而，我們卻遇到麻煩了。

為什麼差異常常會讓團隊變得更糟？

第一道「夢幻團隊」的魔法

・多樣性

當你我分屬不同的年齡、族裔或性別時，我們所體驗的人生不同，彼此的行事作風也不同。只要在團隊中增添社會多樣性，就能促使團員做更充份的準備，預測對方會採取的觀點，並認為需要努力才能達成共識。這將奠定團隊探索成功高峰的基礎！

第二章 少林的麻煩

「我們想要賺錢。我們想要脫離貧民窟。」

1

一九九八年五月，兩個巨大的世界產生碰撞。生產道奇（Dodges）和吉普（Jeeps）車的底特律克萊斯勒車廠是舉世利潤最高的車廠，儘管它的規模在美國三大車廠中最小，但其產品開發成本是福特汽車的一半，只有通用汽車的三分之一。

儘管如此，執行長鮑勃．伊頓（Bob Eaton）卻擔心未來克萊斯勒準備得不夠充分。網際網路讓人們能夠取得更多資訊，買車的顧客也要求更高的品質，電子產品的進步使得克萊斯勒的引擎設計顯得老舊過時，價格更低廉，品質更優異的豐田和凌志（Lexuses）威脅克萊斯勒十二萬三千名藍領工人的飯碗。

另一方面，賓士和邁巴赫（Maybach）的母公司德國車廠戴姆勒（Daimler）是歐洲頂尖的汽車公司，旗下三十萬員工打造舉世最好的轎車、卡車和巴士。儘管戴姆勒走在汽車設計的尖端，執行長于爾根．施倫普（Jürgen Schrempp）也是憂心忡忡，戴姆勒投資數百萬元研發，但一直未能回收。該公司在美國僅占有很小的市場，也擔心日本汽車業者排山倒海而來的競爭。

這兩位執行長明白，他們兩家公司的啟發力相輔相成，可以抵消彼此的弱點。克萊斯勒所向無敵的效率，再加上戴姆勒傳奇的創新，豈不是殺手組合？戴姆勒的品質和克萊斯勒的勇往直前組合起來，必然天下無敵。兩家公司結合，就擁有擊潰福特、通用、豐田等公司的工具和才幹，就算不是舉世最大的車廠，也是地球上數一數二的汽車公司。

因此他們簽了約，伊頓和施倫普敲定這筆交易，戴姆勒和克萊斯勒成為「戴姆勒克萊斯勒」。施倫普稱之為「兩強的合併，成長的合併，前所未有的天作之合」。

新公司當時價值約一千億美元，是企業史上最大的洲際合併案。

然而它卻變成企業史上最大的災難。

根據《哈佛商業評論》（*Harvard Business Review*）的報導，70％至90％的企業合併都未能產生協同作用，也就是說，兩家公司合併後的價值，未能比合併前彼此價值相加之和高。更讓人警醒的是，企業合併後，有一半都比原來糟。

但很少有比戴姆勒克萊斯勒更誇張的例子。在「天作之合」三年後，身價千億美元的公司只剩下四四〇至四八〇億美元——約是戴姆勒合併前的身價。

這原本該是史上規模最大的合併案，是車壇的夢幻團隊。究竟發生什麼事？

這種大失敗案例一直是許多商學院個案研究的題目。有人指出兩家公司如何高估它們的潛力，有的人則說明管理階層的錯誤如何阻礙成長。

但這些原因並不會抹除五百億美元的價值。戴姆勒克萊斯勒並不是因為它們生產的車子比較差，也不是因為經理不知道怎麼管理而崩潰。這公司驚天動地的垮台的原因，與現代商業史上大多數合併企業失敗的原因一致。

由於「文化衝突」，導致這次的合併失敗。

表面上，戴姆勒和克萊斯勒的員工非常相似，他們大都是四十多歲的男性，大半是白人工程師和設計師、喜愛汽車的裝配線工人和經理。

「他們看起來和我們並無二致，他們說話和我們一樣，專注於和我們一樣的事情，他們對英語的掌握無可挑剔。」在達特茅斯學院個案研究報告中，克萊斯勒的一位高階幹部這麼描述他的德國同行：「我們絕對沒有文化衝突。」

這種說法膚淺得可笑。

兩家公司合併後，應該一起工作的德國人和美國人有不同的溝通習慣、不同的個人空間觀念以及不同的談判策略。他們對工作場所中的女性和領導角色有不同的核心信念。他們對工作認真的程度不同，工作動機不同，對製造汽車時最關鍵的重點也抱持不同的看法。換句話說，正如我們在上一章所了解的，他們在角度和啟發力上，具有顯著的多樣性。

新公司花了數百萬美元主辦文化工作坊，比如「美國工作場所的性騷擾」和「德國餐飲禮儀」。但這些也只是表面工夫。

從戴姆勒員工的觀點來看，製造汽車的目標是絕不能妥協的美和精準，他們會說：

「不計代價，只求品質。」但在克萊斯勒的員工看來，目標是要實用，且讓顧客能買得起。

美國員工認為他們的新德國同事是菁英主義者，德國員工認為美國同僚是品味不佳的冒險者。戴姆勒的高層幹部甚至告訴新聞媒體說：「他們『永遠』不會開克萊斯勒。」

雖然戴姆勒克萊斯勒的員工表面上很相似，但實際上兩者卻天差地別。不到十年，兩家公司就分手。施倫普面對憤怒的股東，被迫離職，而伊頓更早之前就已經離開。一家私募股權公司據說花了六十億美元，把美國公司分拆出去，這是克萊斯勒一九九八年價值的十分之一。不久之後，那家公司破產了。

除了這兩家公司合併時驚人的價格之外，這樣的案例在業界倒不罕見。一半以上的企業合併非但不能維持企業的價值，而且還會使價值貶低。一半的企業認為合併失敗的關鍵在於「組織文化差異」，33％則認為問題在於「企業文化的融合」。

換句話說，大部分虧損的合併案並不是因為業務無法推展，而是因為員工無法適應他彼此的歧異。

其實不必等企業合併，就會看到這樣的問題。公司只要聘用來自不同人口組成背景的人，讓他們融入員工團隊中時，也會發生同樣的情況。在撰寫本書時，《財富》雜誌五百大企業就有90％聘請「多元化主任」（diversity officer），協助招聘和留住人口背景互異的員工。他們認為，由不同種族、不同性別和不同年齡者組成的團隊會更聰明——就如上一章所述。但就像企業合併一樣，徵才的統計數據卻教人沮喪，在團隊裡加入背景不同的人，通常都會造成問題。

研究結果很直接：四所大學的教授在《戰略管理期刊》（*Strategic Management Journal*）中，提出廣泛研究的結論：種族、文化和性別等各方面的「多樣性往往導致衝突加劇」。牛津布魯克斯（Oxford Brookes）大學的奈吉爾・巴塞特－瓊斯（Nigel Bassett-Jones）博士補充：「異質群體會產生更多衝突，更高的人員流動，較少的社交融合以及更多的溝通問題。」

這使組織陷入困境。巴塞特－瓊斯博士寫道，「如果他們接受『人口背景』的多樣性，就得面對職場衝突的風險……如果他們避開多樣性，就有喪失競爭力的風險。」

歡迎面對多樣性的弔詭。

正如我們先前探索執法團隊和在攀登問題山峰的寓言中所學到的，認知多樣性使我們更明智。但遺憾的是，所有的研究都顯示，它也使我們更容易發生衝突。這種衝突經常會使我們的團隊還來不及運用彼此之間的差異，就先分崩離析。

哈佛大學教授檢視七百家美國公司，得出的結論是，大部分員工多樣性的計畫非但未能產生積極的影響，反而使少數群體陷入更糟的情況。他們對政府多元化招聘計畫的研究發現，沒有證據顯示這樣做「能為女性或有色人種創造更平等的工作環境」，效果是零。更令人沮喪的是，波特蘭州立大學的研究發現，僅指定少數族裔來推行「多樣性管理」計畫，會使這些已經被邊緣化的群體更邊緣化。也就是說，它實際上加深了分歧。

在公民層面，哈佛政治學者羅伯特．普特南（Robert Putnam）的研究告訴我們，城市或國家的種族越分歧，投票或擔任義工的人就越少。我們在上一章提到，族裔多元的城市往往能有更多的發明和專利，但普特南的研究指出，它們的社會信任度也較低——這意味著人們面對鄰居時更加緊張。後續的研究則顯示，這種社會信任是比「人力資本或技術水平」更重要的經濟成長指標。

啊——！

可是且慢。我們上一章不是才說，差異是促進我們進步的要素嗎？我們不是才說，擁有多元領導人才的公司能獲得更多利潤嗎？我們不是才發現，警察局和情報機構納入女性和其他不同類型的人時會更好嗎？

下面的資料卻叫你沮喪。對美國四六四個警察局的研究發現，種族多樣性最高的警察局，被解聘或辭職的警員也最多。研究也顯示，大多數企業的情況也是如此。當然，差異可以促使問題獲得解決，但它們也會往往導致合作夥伴之間的衝突。

想像一下，如果你是一九七〇年代初的克麗絲．楊，剛從聯邦調查局學院畢業，第一個工作，你到辦公室報到，卻發現自己是唯一的女性，也是唯一的亞裔探員。男性探員都相處得很好，他們每隔一週的週五都會一起去喝啤酒。他們談話時喜歡用運動比喻，還有自己的「兄弟」代碼。如果你的言行舉止和他們那一幫人有點不同，有些人就會不爽。如果你建議週五到小酒館而非去他們常去的體育酒吧喝酒，他們就會嘲笑你的主意。你在會議中受到忽視或被打斷時，除了你自己之外，沒有一個人會注意到。如果你起身爭取自己的權益，他們就會生氣。

最糟糕的是，有一半的同事甚至沒有意識到這讓你困擾。

我們之所以經常在職場上使用「文化契合」（culture fit）這個詞是有原因的，只要能契合，大家就能和平相處。如果在緊密結合的工作團隊中，你卻是企業文化的局外人，那麼你獨特的想法和觀點即使有用，但你的存在會導致一些摩擦。要是你可和其他人更相像就好了。

這就是戴姆勒克萊斯勒的結果。如果新合併公司的員工沒有這麼高的認知多樣性，衝突就會減少；衝突減少，金錢損失就不會這麼慘重。

或許他們就是這樣想的。

2

在戴姆勒和克萊斯勒攜手之前幾年，紐約市政府廉租房裡也有另一次合併——這個合併改變羅伯．費滋傑羅．迪格斯（Robert Fitzgerald Diggs）的人生。

迪格斯共有十個手足，在成長過程中不斷搬家，總共住過十間不同的廉租屋。他對父親最後的記憶是他還在蹣跚學步的時候，爸爸用鎯頭砸碎家具，然後離家出走。迪格斯的母親只有微薄的工資，因此這個家庭住在政府補貼的公寓，先是皇后區，然後搬到布魯克林，然後再搬到史坦頓島（Staten Island）。他們住在地下室，迪格斯和五個兄弟睡在兩張單人床上。有時大雨傾盆，汙水倒灌，淹到他們的窗戶。

他是個喜歡思考的孩子。他後來寫到這段悲慘人生中的一線希望：「活在糞便漂浮的地方是寶貴智慧的泉源。」

宗教成為他的救生索。最初他是參加浸信會的讀經班，然後他又接觸伊斯蘭教，鑽研教義中關於數學與和平的內容，接著是道教。十歲的迪格斯照單全收。

但他還是免不了捲入街頭黑幫，賣毒品，混流氓。有一次，一名少年開槍打死了迪格斯的朋友。在一九八〇年代，就連耶穌和穆罕默德都不能讓廉租屋的孩子擺脫他們命定的「人生」。

迪格斯二十出頭時搬到克利夫蘭，立即捲入兩個敵對幫派的爭端。有一天他開車載表哥的女友回家時，遭到妒火中燒的幫派分子伏擊。他們不分青紅皂白一陣濫射，車子被打成蜂窩，迪格斯回擊，對方有人中彈。迪格斯被捕受審。由於迪格斯在黑暗中開槍，檢方控以「謀殺未遂」，求刑八年。

來自紐約低收入戶的黑人小孩根本無力對抗鐵了心要殺雞儆猴的克利夫蘭檢察官，但迪格斯上圖書館研究法律條文，日以繼夜的研讀，為出庭作準備。他站上被告席時，發表慷慨激昂的演說，講述他自己的故事。

結果引起巨大的迴響，十一位白人陪審員在宣判迪格斯無罪之後，有三人還和他擁抱。當地報紙的頭條標題是「迪格斯判決無罪，陪審團熱淚盈眶」。

這是他人生的第二次機會。「我取回了八年的人生。」他說。於是他戒菸戒酒，直到自己能控制吸菸喝酒的分量。他不再混幫派，也再次搬回紐約。

迪格斯在成長過程中培養各種兼容並蓄的嗜好，他能引述當地圖書館所訂購任何功夫電影的情節。他的第二宗教（次於他平實的基督伊斯蘭道教之後）是西洋棋。他和其他廉租屋鄰居的孩子下過數千小時的棋。另外他也和其他同齡少年一樣，受到七〇年代後期和八〇年代初期由布朗克斯（Bronx）發源的新型音樂吸引：嘻哈。他十一歲就開始在拼湊而來的設備上錄製嘻哈節拍。

在克利夫蘭的審判結束後，迪格斯養成散步的習慣，並且在散步時沉思。在這樣的過程中，他有了一個憧憬。他要把他最喜歡的事物——西洋棋、功夫、宗教和音樂融合為一體。「沉思冥想讓我能這一切聯結起來，看到它們的可能性，」他後來寫道：「我意識到當時沒有人可以這樣做，因為沒有人有那種特殊的經歷。」他運用它們，創立史上最偉大的饒舌樂團，但他決定，這不是饒舌樂團，而是一個帝國，是一支饒舌軍隊。他以他最喜歡的功夫電影《少林與武當》＊為它命名，叫做「武當派」（Wu-Tang Clan）。

這點子很荒唐。

我們要談的第二個合併例子就此開始。迪格斯招募他在布魯克林和史坦頓島廉租屋認識的、也是他所知的最佳業餘饒舌歌手，最後包括迪格斯共有九個人加入。有些人他原本就認識：他的表兄弟蓋瑞和羅素，以及他的室友丹尼斯。其他人大半都是迪格斯在街頭混時認識的毒販，有些甚至來自敵對的幫派。迪格斯以他們對嘻哈的熱愛，加上擺脫貧窮的誘因，要他們聽他的計畫。

他的計畫很簡單。「給我五年時間，我讓你們成為第一樂團。」迪格斯負責節拍，每一名歌手寫自己的歌詞，創造自己的功夫角色，由迪格斯決定誰來錄哪首曲子。每個人要交一點錢，讓迪格斯製作他們的第一首單曲。

這九個人同意了，並且掏出他們所有的現金集資。

於是在一九九二年十月，蓋瑞．葛萊斯（Gary Grice，又名GZA）、羅素．瓊斯（Russell Jones，藝名「老混蛋」[Ol'Dirty Bastard]，又稱ODB）、克利福德．史密斯（Clifford Smith，藝名「智囊人」[Method Man]）、柯瑞．伍茲（Corey Woods，藝

名「流氓廚師瑞空」[Raekwon the Chef]）、丹尼斯·柯爾斯（Dennis Coles，藝名「鬼臉煞星」[Ghostface Killah]）、傑森·杭特（Jason Hunter，藝名「巡官戴克」[Inspectah Deck]）、拉蒙·霍金斯（Lamont Hawkins，藝名「U-上帝」[U-God]）、傑米爾·艾瑞夫（Jamel Irief，藝名「殺手大師」[Masta Killa]），和由那時起以The RZA揚名於世的迪格斯，預訂一間錄音室。

接著他們差點互相殘殺。

3

表面上，迪格斯嘻哈樂團的成員與戴姆勒和克萊斯勒兩家公司的工程師和經理的狀況很類似。他們都是年輕的黑人老大，都在紐約市的廉租屋長大，都喜歡嘻哈創作，而且每個人或多或少都會一點功夫。

*譯注：一九八一年（美國於一九八三年發行）的港片，由鄭少秋、劉家輝、井莉、陳玉蓮、王龍威等主演。

不過他們相似處大概就僅此而已。

他們之中，有些人來自史泰普頓（Stapleton）公營住宅，其他人來自帕克希爾（Park Hill），也有些人根本不住在史坦頓島，而是來自敵對的布魯克林廉租屋幫派，他們為此還小題大作了一番。

除了自負之外，他們的性格卻有天壤之別，有的人很沉著，有的卻很暴戾。最年長的是二十六歲，而最小的才即將十七歲。

他們熱愛嘻哈，但彼此的嘻哈風格各不相同。ODB具有魅力，無法預測他的節奏；GZA和殺手大師的風格理性而輕鬆；智囊人聲音粗啞，喜歡吹噓；瑞空的饒舌快速而激烈；巡官戴克則錯綜複雜；鬼臉煞星的風格情感濃厚；U-上帝的風格則以黑人為主。迪格斯認為這些對比很酷。但不同口味的九大廚師混在一起，卻可能會造成食物中毒。

就像戴姆勒和克萊斯勒的員工突然之間要一起工作一樣，武當派成員彼此的社會信任度很低。堪稱這個團隊中最有才華的兩位藝人RZA和智囊人彼此不和，總是吵架。而且，沒有人像瑞空和鬼臉那樣互不信任，瑞空認為鬼臉是「騙子」，他們在街頭為敵的時間太久了。

「我們彼此之間並沒有熟到可以互相信任的地步，」瑞空後來告訴我，他指稱整個樂團：「不同就是不同。」

這九個年輕人聚在一起製作嘻哈樂曲時，立即針鋒相對互不相讓。有的人一出門就攜帶槍械，這意味著他們的爭吵很容易引發暴行。

但迪格斯設法讓他們把槍械留在口袋裡，提出他計畫的第二部分。多年後瑞空回憶道：「他就好像在拍黑手黨電影一樣，讓所有的黑幫家族都聚在一起。」

RZA宣布，入團並不表示你的聲音就會被錄成唱片。他要以嘻哈本身在地下派對誕生的方式製作武當派的唱片。

RZA告訴他們，每一次開會都會是一場歌詞之戰。他會用節拍編曲，讓他們作好準備，用麥克風競爭。

他說，畢竟「嘻哈是一種戰爭」。

4

安德瑞：嘻哈音樂始於牙買加，與ＤＪ文化和聲音系統文化（sound system culture）一起發展。

這位是嘻哈音樂百科全書網站 Rap Genius 的執行主編安德瑞・托瑞斯（Andre Torres），我和他一起坐在布魯克林郭瓦納斯（Gowanus）區一間改裝的倉庫裡，惡補我的嘻哈史。在農莊聽流行龐克和鄉村音樂長大的我頭一次排隊訪問武當派和其他饒舌歌手時，連該怎麼唸「ＲＺＡ」都不知道（發音如「瑞擦」）。

安德瑞：最後這種音樂隨著牙買加移民酷赫克（Kool Herc）一起遷至布朗克斯。他們在聲音上會產生衝突，一個聲音系統的ＤＪ和另一個較量。

申恩：他們同時播放？

安德瑞：對。

申恩：所以，這樣的對抗……兩位ＤＪ互相競爭讓派對上的人到他們那邊去跳舞？

安德瑞：對，也就是要用聲音淹沒另一個DJ。

羅伯：抱歉我遲到了。由史坦頓島一路趕來。

這是羅伯・馬克曼（Rob Markman），Rap Genius 的藝人關係專員。

申恩：沒關係。我們正在談嘻哈是怎麼發展起來的。

安德瑞：我正談到……這樣的張力可以說和DJ與聲音系統一起開始，和MC（主持人）沒關係——完全是DJ個人。MC其實只是輔助，他在那裡只是「吹捧」DJ罷了。

申恩：有點像是舞台助場（hype man）。

羅伯：可以這麼說。第一批MC，他們甚至沒談他們有多棒，有點像「看我的DJ多高明。」接著另一位DJ上場，他的MC就開始吹噓他的DJ有多棒，最後開始較量。兩名MC會彼此攻擊。

安德瑞：一個轉捩點就是Busy Bee和Kool Moe D的對抗，在……哈林世界（Harlem World，夜店）？

羅伯：對，就是在哈林世界。

安德瑞：那是一九八二年，你可以在網上聽到部分，從那時起和最初的方向有所不同，你知道，「高舉你的雙手！」短小的派對對句。

> 我聽了那段錄音，Busy Bee帶動群眾氣氛，大喊：「Ba wit the ba yo bang da bang diggy diggy! Say ho! Come on y'all!」

安德瑞（繼續）：Busy Bee很強，Kool Moe D當時還在Treacherous Three的樂團發展，他看著Busy Bee，有點「這傢伙沒那麼厲害」的意思。接著他上陣，只花了五分鐘就把他打敗，他有點變成人身攻擊。

> Kool Moe D：「且慢，Busy Bee，我不想放肆，但廢話少說，我們馬上就可見真章，要讓你知道你的本事實在不怎樣。」

安德瑞（繼續）：這是新的主持法，有點像變成：「我馬上就是後起之秀，要打敗你，讓你像傻瓜一樣。」

羅伯：這讓觀眾大樂，因為以前從沒見過。

安德瑞：他們很喜歡。

羅伯：Busy Bee 當時正當紅，你去派對主要就是衝著他去的。你知道人們常說，大家去看拳王弗洛伊德．梅威瑟上擂台，就是想看他敗下陣來。你本來不是為了要看 Busy Bee 落敗，但他吃了癟，讓情況更有趣，這就有了轉變。

安德瑞：對！

羅伯：這樣的較勁變成傳奇，有人錄下現場表演，四處流傳，把它們當成像唱片一樣。

安德瑞：最後這樣的錄音真的成了唱片，定了標準。

申恩：因此這種較量的觀念創造嘻哈音樂？

安德瑞：沒錯。

羅伯：他們還真有一首歌叫做〈智囊對廚師〉（*Meth vs. Chef*）。RZA 讓他們對戰。

安德瑞：我認為這逼出創意。

5

一九七〇年代紐約布朗克斯的DJ和為他們助陣的MC，在爭取派對聽眾之餘，不僅產生新的嘻哈形式，還創造音樂創新實驗室。一週又一週，競爭的樂手會寫下新歌詞，準備下一場較量。嘻哈史學家兼作者傑夫·張（Jeff Chang）告訴我。「如果你被打敗，會迫不及待，希望下週五再試一次。」你帶著新鮮的作品回到派對上。

樂手經常改裝他們的聲音設備以取得優勢。那時沒有混音裝置（fader）開關，讓你一邊調低揚聲器的音量，一邊還能在耳機中聆聽。後來有位叫「閃耀大師」（Grandmaster Flash）的DJ把這樣的開關焊在他的機器上，可以來回混合搭配兩張不同唱片的片段，像魔術一樣，雖然這是現在任何DJ表演的標準作法，但當時卻是首開先河。電音機器推出後，DJ又把它們拆開，增加電腦容量，讓他們可以一按鍵就「取樣」，擷取其他歌曲的片段，或甚至小提琴或鼓聲。

較量讓樂手更挖空心思創造，把不同的點子結合為新的聲音。儘管在表面上，嘻哈的比試是個人之間的競爭，但是競爭者變成像是團隊，推動這種類型向前發展。他們較量的產物不只是嘻哈，也包括節奏藍調（R&B）、鐵克諾（techno）、電音，或是其他如迴響貝斯（dubstep）等電音分支。

迪格斯付費租下錄音室，錄製武當派的第一張單曲唱片。

他把旗下饒舌歌手形形色色的挑釁都錄進麥克風裡，每一名團員的表現都很深入，他們現身錄音，彷彿是真的在比劃。迪格斯後來寫道：「武當派是真的把武術融入樂聲、歌詞風格，節奏的競爭，和心理上的準備。」他們製作了一張單曲唱片《*Protect Ya Neck*》——由八名饒舌歌手共唱七段主歌，放在汽車的後車廂販售。

他們的聲音不只獨特，而且非常精彩。

過了幾個月，紐約當地廣播電台的一位DJ在節目中播放了這首歌，武當派簡直不敢相信，他們乘勝追擊，在晨星路一間地下室埋頭努力，錄了一整張專輯《勇闖武當三十六（式）》（*Enter the Wu-Tang: 36 Chambers*）。

迪格斯由鄰居家接電讓他借來的設備運作：匣式錄音機、取樣機（sampler）和鍵盤。他從靈魂樂老唱片剽竊了鼓點，再由《少林與武當》電影取得音效。

迪格斯一連幾個月都待在地下室，雙眼凹陷，爆炸頭都起了毛（他自己的說法）。鬼臉煞星去附近的雜貨店摸了一些罐頭來餵他。

最後，RZA摘下耳機，播放了唱片。

《三十六（式）》是傑作。大夥兒的音樂組合創造出地球上從沒有人聽過的聲音。

他們花了三年時間，在夜店裡讓大家驚艷，並由汽車後車廂販售唱片，才終於讓世界注意到他們。所在此時，《三十六（式）》成了白金唱片，武當派的第二張專輯在告示榜（Billboard）上成了冠軍曲，他們的成員在接下來的二十年中，繼續締造總共七千四百萬張唱片的紀錄，並且啟發了未來的葛萊美得主——由坎耶·韋斯特（Kanye West）到肯德里克·拉馬爾（Kendrick Lamar），以及如麥可莫（Macklemore）和萊恩·路易斯（Ryan Lewis）等白人男孩。

從《滾石》（*Rolling Stone*）到《村聲》（*Village Voice*）等雜誌的樂評家稱他們為有史以來最偉大的饒舌團體。

6

上面的兩個故事讓我們看到另一個矛盾的情況。在戴姆勒克萊斯勒和武當派這兩個例子中，都可以發現乍看相似的團隊實際上卻有根本上的差異。認知多樣性使得這些同質的群體產生重大衝突。在其中一例中，這樣的衝突摧毀了公司；但在另一例中，它卻改變了音樂史。

如我們所見，若是我們有這個迷思：由我們的歧異而產生的衝突很糟糕，未免太過草率。

但如果我們下了相反的結論，同樣也太過草率。

嘻哈這一行的衝突常常無法帶來生產力。在饒舌音樂圈，情況益發嚴重。最初的嘻哈先驅較勁只是為了吸引舞廳的人潮，但到一九九〇年代末期，大家爭奪的內容成了金錢和「地盤」。[27]美東的饒舌歌手和西岸的歌手起了爭端，他們不是用音樂互相挑釁，而是用槍互相射擊。

27　叫人震驚的是，遠在愛達荷的我對整個事件一無所悉，直到十年後才聽說此事。

在兩位互相敵對的饒舌歌手接連遇害時，事情到了非得要採取行動的地步。

研究嘻哈史的傑夫・張說：「真正的關鍵時刻是在圖帕克（Tupac）被謀殺後，在大個子（Biggie）被謀殺後，因為雙方互相對抗，造成風格大規模的轉變。但那時雙方的對抗在街頭上演。衝突使這行業創新，但到什麼程度，會適得其反？」

要找出這個問題的答案，我們得先回到過去。

一九〇一年，一個晴朗的夏日，你正在俄亥俄州戴頓市的三街上，街道兩旁都是兩層樓的磚造建築，小小的店面，販賣各種用具的商店、冰淇淋攤。小鳥吱喳，行人互相寒喧，好一副中西部閒適的風光。

你走過一間腳踏車店的條紋布雨篷前，卻聽見屋裡傳來吵鬧聲，大喊大叫。

如果你再次走過同一家腳踏車店，就會發現店裡天天都有喊叫聲，從一大早開始，到中午時停下來，午餐後再繼續。

在腳踏車店位於南威廉斯街的上一個店面，同樣可以聽到這樣的爭吵，在它後來搬到北卡羅來納州之後，情況也有增無減。

只是這樣的爭吵並非如表面上的不快衝突，而只是兩位店主的工作方式。

在他們有問題需要解決時，就拉高嗓門開始爭論。但接下來他們倆卻又會採取一個有趣的作法：他們爭論一番之後，會停下來互換論點，接著再開始大喊大叫。剛剛反對某事的人現在會反過來贊成它，反之亦然。他們反覆這樣做，直到解決問題為止。

在我們大多數人看來，叫人精神分裂的喊叫，聽起來像是充滿敵意的工作環境。不過話說回來，我們都不是讓人類飛上青天的威爾伯（Wilbur）和奧維爾・萊特（Orville Wright）。

小時候，我發現一個激怒哥哥的好辦法：我的食指和拇指勾住橡皮筋作成手槍，用來射擊他。物理學有個概念叫做「潛能」，我們手足間的攻擊就清楚說明這種能量。放在桌上的一條舊橡皮筋幾乎沒有什麼能量。如果你不去碰它，它什麼也不會做。但如果你由兩個方向拉長橡皮筋時，它就在突然間蘊含很大的潛能。只要你一鬆手，它就會飛向空中。

你越用力拉橡皮筋，或者換一種方式說，你施加的壓力越大，橡皮筋就有越多的潛能，你就能把它射得越遠。

當然，如果你把橡皮筋拉得太用力，到了某個程度，它就會綳斷。全部的潛能拉斷橡皮筋，現在它又沒有能量了。我們可以把橡皮筋的潛能繪製如下：

我們也可以用橡皮筋物理學作為一群人關係的潛能類比。每當不同的思維方式發生碰撞時，就會產生張力。認知多樣化的團隊就像一群人由不同的側面拉著橡皮筋，如果橡皮筋指向正確的方向，就可以發出更大的張力。心理學家稱之為「認知摩擦」（cognitive friction）——認知多樣性互相碰撞，產生潛能。

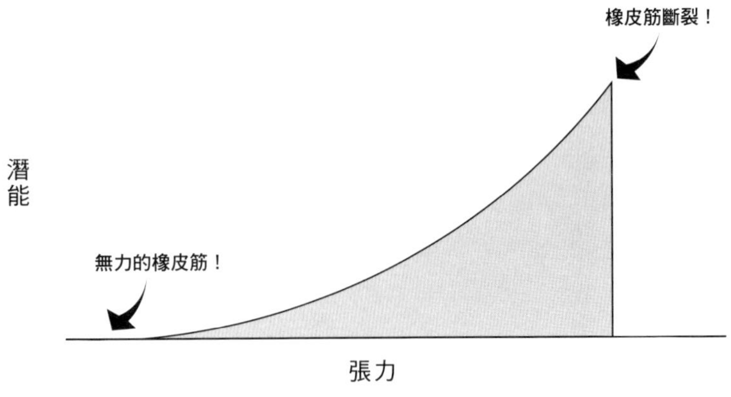

就像橡皮筋一樣，如果一群不同的人張力太大，一切就會分崩離析，團隊瓦解，不會有任何進展。

但另一方面——如果完全沒有張力，也一樣會沒有進展。一群人像軟趴趴的橡皮筋一樣站著不動，也達不到任何目標。

在這兩個極端之間——在惰性和破壞之間，是充滿可能性的區域。這裡就是團隊能夠進步的神奇之境。我們可以把這個因認知摩擦而創造的潛能區稱為「張力區」（Tension Zone）。不過為求簡化，而且因為張力區聽起來有點像一九八〇年代肯尼．羅根斯（Kenny Loggins）唱紅的歌曲名字一樣，所以我們不妨把張力區簡稱為「狀態」（The Zone）。

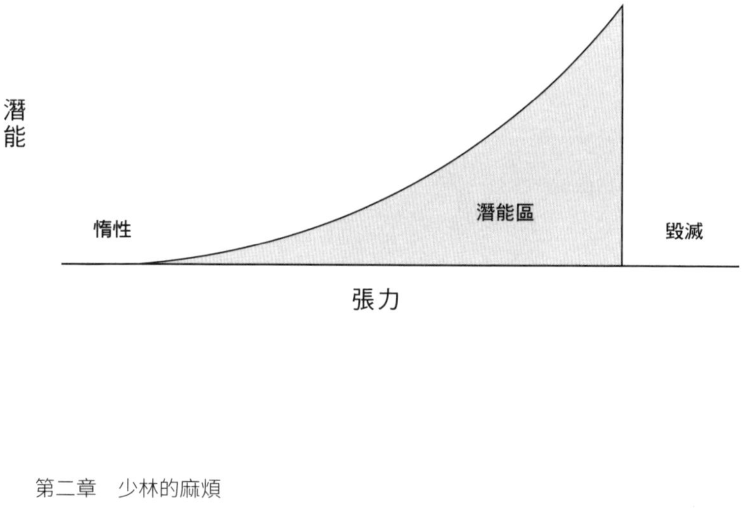

美語的俚語中「being in the zone」（進入狀態）表示你全神貫注，可以拿出最好的表現，因此我們用狀態來形容團隊進入那種神奇化境，其實也不為過。而讓團隊進入狀態的要素，並不是沉著或和諧或相同一致，而是要運用他們觀點、啟發力、觀念和差異之間的張力。審視偉大合作的歷史，就可以看到處處都有這樣的模式，其實每一種成功的認知多樣關係，都是在狀態之中發生，而這就是說明我們合併矛盾的關鍵。

萊特兄弟在製作他們的飛機時，曾碰到螺旋槳的問題。他們需要個東西推動他們的飛行器，理論上旋轉的槳葉就可以辦到這一點，但他們不清楚該怎麼讓它運作，讓它把飛機推離地面而不致失控。所以他們一如往常開始爭

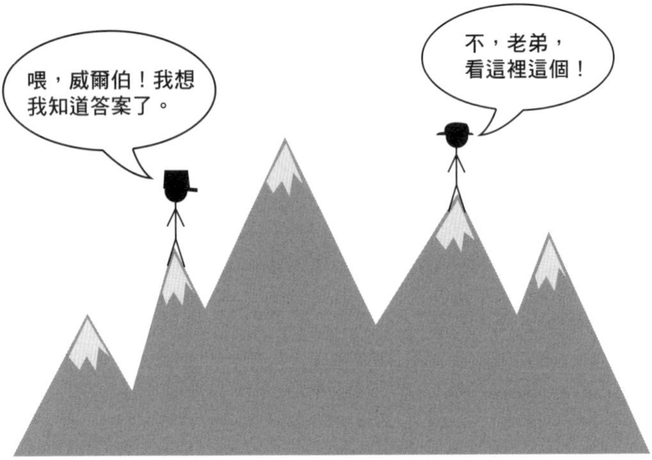

論。他們互相叫喊，一連數週。兩人互換彼此的論點，最後終於發現他們倆都錯了。解決方案並不在於一個螺旋槳；而是兩個螺旋槳，各朝不同的方向旋轉。這個例子大約可說是狀態發揮作用的完美綜合比喻。

奧維爾和威爾伯兩兄弟知道，他們不可能只靠自己獨力想出飛機的設計，他們的爭論造成張力，推動他們進入狀態，讓進步成為可能。

但爭論雖讓這對兄弟得以一起探索新的智慧領域，卻也創造了過頭的危險——他們可能會起真正的爭執，傷了兄弟之情，就像即將斷裂的橡皮筋。

因此，為了讓張力能夠安全的維持在狀態內，威爾伯和奧維爾兩兄弟在辯論時也彼此交換立場。這種技巧讓他們能夠把爭論和個人的

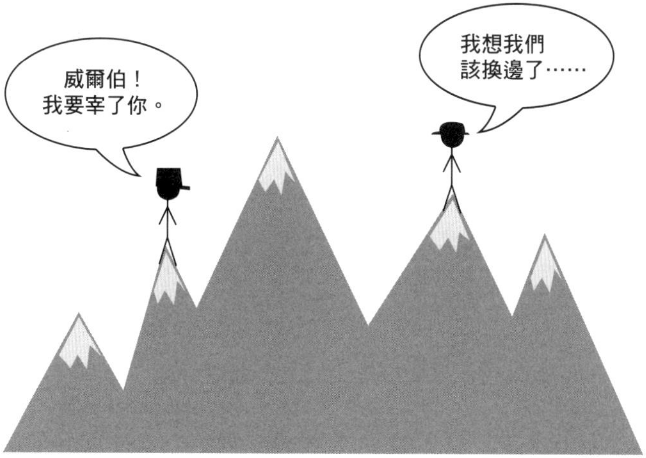

自我分隔開來，讓他們由不同的角度來看事情，而不會太氣憤。它使衝突不針對個人，確保目標總是繼續往山上攀登，獲得進步，而不是相互殺戮。

「我認為他們並不是真的發怒，」一位和他們一起工作的技師說：「但他們確實非常火爆。」

迪格斯在他的地下室工作室裡，用團隊中饒舌歌手不同風格和個性產生的認知摩擦，以及他自己多樣化品味之間的張力，創造出一種新的聲音。可以說，他把武當派饒舌歌較量的潛能引到共同的目標，製造出嘻哈世界最強力的橡皮筋槍。他設法把「狀態」維持到夠長的時間，創造出武當派超級巨星。[28]

迪格斯把不同饒舌風格融合在一起的策略也滲透到團隊中每一名歌手的技巧中。瑞空用烹飪的比喻分享他的街頭生活體驗。智囊人在歌詞中提到毒品，並和《綠色火腿蛋》（Green Eggs & Ham，蘇斯博士童書）和老牌演員迪克・范・戴克（Dick Van Dyke）的經典融在一起。巡官戴克則思考幫派暴力、希臘哲學和科學等方面的問題。

但有時候，武當派的衝突太過分。多年來，這個團隊內部對抗了千百次，大家爭吵、出走。一九九七年，克萊斯勒和戴姆勒正在準備合併時，武當派卻因持續內鬥，不得不退出與「討伐體制」（Rage Against the Machine）搖滾樂團的大規模巡演。

這教我想起，我們在戴姆勒克萊斯勒的可憐朋友呢？他們的關係並不像武當派那樣不穩定。當然，德國人和美國人不同，但他們彼此從來就沒有大喊大叫。

事實證明他們的問題根本不是衝突太多，恰恰相反。

7

任何科學作家只要探討關係，最後都不免要向高特曼學院（The Gottman Institute）取經。在我鑽研夢幻團隊的科學時，也不例外。

約翰．高特曼（John Gottman）與妻子茱莉．史瓦茲．高特曼（Julie Schwartz Gottman）兩位博士在西雅圖的研究中心探究愛情伴侶關係，以及這種關係成功的原因。

---

28 團隊中每一位饒舌歌手在較勁的同時，也各自有了變化。他們彼此不同思維方式所造成的張力讓他們拓寬視野和啟發力。每一位藝人都開始對其他風格產生好奇心和尊重，讓自己能更流暢、更多樣化的思考。

我會發現他們是因為我對戀人的愛情為什麼會消失感到興趣，是什麼使得原本認定要長相廝守的伴侶決定分手？

答案雖驚人，但卻很簡單。

他們的報告說：「互動的模式，例如異議和憤怒爭吵，由長遠來看未必有害。」其實，發生衝突反而可以預測合作夥伴關係的滿意度會提高。

並不是因為吵架會讓我們開心，實際上是因為如果你們還在爭論，表示你們可能還結合在一起，你們一起伸展的橡皮筋還有潛能。如果你們繼續談話的時間夠長——而且這些爭論不會發展為暴力，那麼你們終能解決問題。

確實，婚姻即將觸礁的最明確的領先指標並不是配偶間相互爭論，而是在他們連話都懶得說的時候。

我們可以用兩個實驗，聯結這個論點以及我們對差異和團隊合作的探索。第一個實驗是哈佛、柏克萊加大和明尼蘇達大學的研究人員所做，他們想知道人口多元化的訓練對擁有眾多員工的大公司有多大的幫助，因此他們找出八二九家強調人口多元化訓練的企業，並追蹤他們三十一年間的表現。研究人員在二〇〇七年發表了令人驚訝的結果：所謂的多元化訓練計畫「在一般的工作職場上並沒有積極的影響」。事實上，他們發現

「在強迫多元化訓練，或者強調訴訟威脅的企業，多元化訓練反而有負面影響」。研究強調該如何才不會冒犯不同的人，讓員工害怕得反而避開他們可能會冒犯的人。

接著在二〇一五年的實驗中，另一組教授找來一群申請資訊科技工作的白人，並把他們分成兩組。在求職面試之前，他們對其中一半的求職者談到他們求職的公司過去在多元性上花了許多心血，另一半求職者則未獲任何告知。結果在面試時，事先知道公司致力於多元性的應徵者表現較差，他們的心跳加快，比較緊張，比較少發言。一談到種族差異，就讓他們噤如寒蟬。

根據研究教授的說法，「不論這些人的政治意識型態、對少數族裔的態度、對歧視白人的看法如何，或者對世界是否公平的信念」[29][30]，實驗結果都一樣。

這兩個實驗揭示了人性。我們和與我們不同的人相處時，最原始的反應正是這些受測者的反應。我們會僵硬，對即將到來的張力感到緊張，所以我們緘默不語，即使我們

29 他們又說：「這表示一般人對多元化的負面反應有多廣泛……就連擁護多元化和融合的人，都免不了這樣的反應。」

30 在此也要注意這些研究所用的文字多麼不精確，用「多元化」一詞泛論種族多元。實在應該撻伐。

對其他人抱著善意亦然。

一位在舉世數一數二大銀行監督種族多元化的總經理，有一次共進晚餐時告訴我：「我們遇到最大的問題，是我們聘用了不同類型的人，然後要他們適應我們的思維方式。」她不久即將離開現職，到另一家大銀行管理多元化，在那家銀行也有同樣的情況。「他們有潛力可以加入文化，」她說：「但你會看到他們慢慢學會保持緘默。」如果你與團隊中其他的人不同，就很容易而且經常使你緊張，因此噤口不言。

我自己也嘗試確認這個現象。二〇一六年，我對全美一百大企業的員工做調查。我問這些員工關於他們自己和同事與經理之間的差異——在各個種族、性別、年齡、經歷、教育和地理背景等範疇中，他們是少數或多數，然後詢問各種問題，希望了解他們在工作上能夠發揮多少不同的思考方式。然後我再用這個資料與他們公司創新程度的資料作交叉比較。按我們先前的討論，這項研究的結果應是意料中事。在「創新」中排名較前的企業——成長快速，製造出開創新局產品和服務的企業，傾向於鼓勵員工表達和競爭不同的觀點和衝突。他們不單是只有差異而已，而且要把它說出來。

這些資料很有說服力：無論員工的組成人口多麼多元化，只要能夠讓員工發揮不同的心理工具箱，這樣的企業在尋找問題山脈的新山峰上，必然更有效率。創新力不高的企業往往要員工遵循由公司「認可」的單一思維方式，他們的員工儘管不同，卻不肯表達不同的觀點和啟發力，在開創新局方面，他們不如鼓勵員工表達的公司。

而這點正是加劇企業合併失敗的隱藏原因。

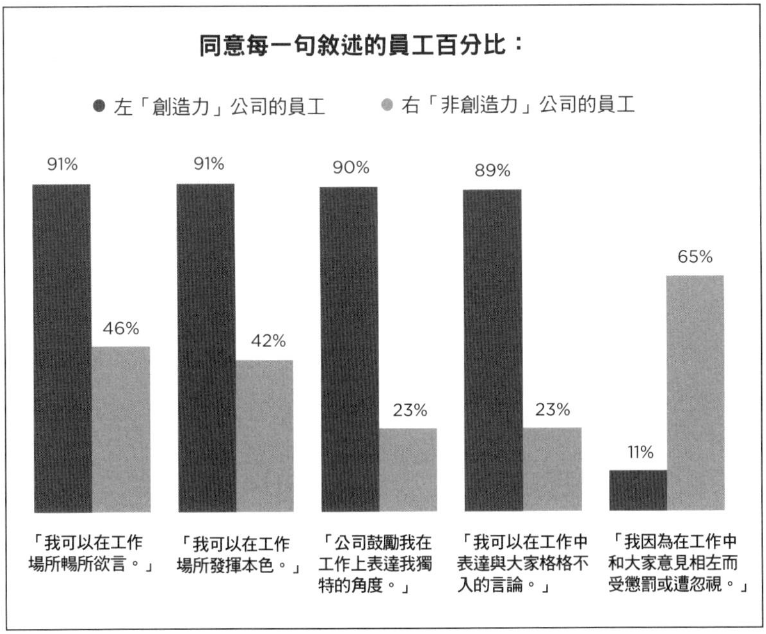
同意每一句敘述的員工百分比：
左「創造力」公司的員工
右「非創造力」公司的員工
91%
46%
91%
42%
90%
23%
89%
23%
11%
65%
「我可以在工作場所暢所欲言。」
「我可以在工作場所發揮本色。」
「公司鼓勵我在工作上表達我獨特的角度。」
「我可以在工作中表達與大家格格不入的言論。」
「我因為在工作中和大家意見相左而受懲罰或遭忽視。」

二〇一一年，一群雅典大學的教授決定探究公司合併後員工的行為表現，因此他們找出正在合併的一些公司，和他們的員工會面，並在他們身上安裝追蹤設備。

接著他們觀察這些員工去了什麼地方，與哪些人互動，他們彼此談了什麼。先前已有許多研究認為企業合併中最困難的部分是文化融合，但這是頭一次有人看到來自不同公司的人實際上互相交談的數量。

結果顯示，他們交談的情況不多。這些教授發現大部分的企業合併並不會造成爭端增加，卻會造成他們稱之為「組織沉默」（organizational silence）的現象。基本上這個詞的意思是團隊成員不談重要問題，或者根本不交談。有組織沉默這種現象的公司員工之間欠缺

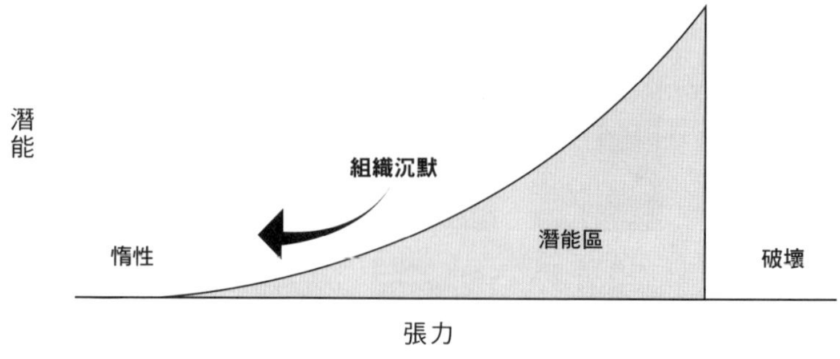

社會信任，讓合併的企業無法全力發揮潛能。

大多數新合併公司的員工都緘默不語，而非因每個人不同的觀點和啟發力造成認知摩擦的不快。[31] [32] 事實證明，對企業而言，這比爭吵更糟糕。

組織沉默導致歷史上一些最引人矚目的錯誤。在惡名昭彰的豬玀灣事件——也是美國在二十世紀最大的外交政策失誤之後，幾位當時的內閣成員後來承認他們後悔當時沒有說出自己的意見。甘迺迪總統的團隊袖手旁觀，中央情報局則興致勃勃說服總統，讓軍隊在古巴登陸。甘迺迪的助理亞瑟．施萊辛格（Arthur Schlesinger）事後寫道：「在豬玀灣事件之後的幾個月裡，我為自己在這些重要的討論中保持沉默而嚴厲的自責，雖然我知道光是反對，除了討人厭之外，不會有什麼結果，因此罪惡感稍微減輕了一點。」

想像一下，如果你又是你所屬團隊中的克麗絲．楊，在一群想法類似的人中偏偏與眾不同，那麼你花多少時間後就會噤聲不語，不再不斷的提出會造成團隊衝突的想法？只要有差異，就會有張力；只要有張力，就經常會有恐懼，而恐懼的人往往會避免

---

31 這可能就是我們先前所談，人口多元化的城市公民參與程度較低的原因。

32 我們將在下一章深入探討導致組織沉默的原因！

（蟋蟀在鳴叫）

說出心中的想法。

這就是克萊斯勒和戴姆勒員工的作法。起初德國人擔心自己會顯得「笨手笨腳」，所以他們「遠離底特律」。由於擔心衝突，戴姆勒克萊斯勒的高層不願意讓這兩個組織過於緊密的聯繫在一起——就連品牌也要分開。雙方只是紙上婚姻，因此賓士、道奇、吉普和其他車款彼此依舊是陌生人。克萊斯勒的前副董事長說：「施倫普……告訴自己，沒有必要把這兩家公司混在一起。」

克萊斯勒的執行長伊頓也顯得很沉默。他曾有數週不和戴姆勒的執行長交談。儘管伊頓以前最愛大談「參與式管理」（participatory management），但現在他卻根本一點也不想參與了。一九九〇年代合併前把克萊斯勒經營得有聲有色的老臣彼德・史塔坎普（Peter Stallkamp）告訴CNBC說：「經理人擔心飯碗不保，在沒有保險的情況下，他們假設會發生最壞的情況。因為德國人的不作為和我們自己的癱瘓，長達十八個月的時間，我們都被排除在核心之外。」

我們能希望這種情況會有好結果嗎？

幾年內，兩位克萊斯勒的重要副總跳槽到福特，整個企業烏雲罩頂，經理人不用心，員工也不用心，原本預估會發生的「協同效應」沒有出現，戴姆勒克萊斯勒開始瓦解，施倫普不由得嘆息：「我買下的那個苦幹實幹的動力文化到哪裡去了？」

大部分的牛仔都還在，只是他們不再參與競技了。

8

如果說紅軍冰球王朝的哪一位成員該稱為「祕密成分」，我認為是長期擔任隊長的瓦西里耶夫，而且原因絕非如任何人最初假設的那樣。

你可能還記得，瓦西里耶夫在比賽中曾經心臟病發作，卻繼續比賽。他很勤奮，是「全力以赴」一詞的代表。

與隊友相比，瓦西里耶夫滑冰技巧不佳，也從未得分。但他的團隊並不在乎，因為只要有他在，他們的表現就更好。

這大半是因為在與教練爭論時，瓦西里耶夫所扮演的角色。教頭吉洪諾夫儘管訓練嚴格，紀律分明，卻是個暴君，在練球季不准球員和家人接觸，就連親人的喪禮也不准參加。在球員搞砸比賽時，他會大罵、痛揍和虐待球員，可是瓦西里耶夫會為球員反擊，在教練犯錯時也會指責他。

教人驚奇的是，兩人似乎都並不會把這樣的對抗放在心上。瓦西里耶夫和吉洪諾夫動過粗後，第二天照常來練球，而且表現得好像什麼事也沒發生過一樣。在奧運對上「冰上奇蹟」的美國隊，吉洪諾夫讓好球員退場，讓俄羅斯輸球之後，據說瓦西里耶夫在回飯店的巴士上勒住提洪諾夫的脖子。「吉洪諾夫知道瓦西里耶夫會回擊，會做好的隊長該做的事，」《華爾街日報》體育記者兼作家山姆．華克（Sam Walker）說，這是過程的一部分，「這和私怨無關，是為了全隊。」

紅軍不僅受益於其教練多元風格的認知摩擦投入——舞蹈和忍者訓練，馬拉松滑冰練習，他們也受益於教練和隊長之間以改善球隊的名義產生的持續張力。

SYPartners 的創辦人山下．凱斯，也就是我們先前提到歐普拉和賈伯斯的教練，他喜歡談論「微行動」（micro-actions）如何加起來影響全局。一百件融入團隊的小事例可以建立致組織信任，甚至可以解釋像吉洪諾夫和瓦西里耶夫為什麼雖然會爭論打架，卻依舊能一起工作。他們為追求目標，從未放棄互相參與。另一方面，一百件被忽視或排除在外的事例——即使每一次都是出於無心，或者不是什麼了不起的大事，都會讓我們覺得自己是局外人，甚至以為自己遭到怨恨。[33]坐在板凳上的團隊成員在慶祝成功時沒有獲邀，團隊不要求他們貢獻，簡直就像幽靈一樣。

蓋洛普研究顯示，當經理人忽視他的團隊成員時，這些人「積極脫離」的可能性高達40%，這就是原因。蓋洛普的湯姆．拉思（Tom Rath）在《蓋洛普優勢識別器2.0》（*Strengths Finder 2.0*）一書中寫道：「經理無視你的存在，比專找你碴的經理更糟。」

紅軍沒有這個問題，武當派也沒有。

要說自我毀滅的可能，武當派九個不穩定人物的結合遠遠超過戴姆勒克萊斯勒「平

33 現在的說法是「微侵略」（microaggressions，或譯微冒犯）。個別的冒犯可能不是什麼了不起的大事，但如果你恰好是第一千個做出這種微冒犯的人，可能會讓對方感覺比你認為他們會或該有的感覺更糟糕。就像我很難不對第五十個叫錯我的名字，把Shane（申恩）叫成Shawn（肖恩）的人生氣。而許多人每天忍受的微侵略比這還糟糕！

等的合併」。然而，儘管武當派的成員會爭吵，會在節目做到一半揚長而去，會公開為金錢吵鬧，但在二十五年的時間裡他們一起製作了七張專輯。他們之間沒有組織沉默。他們是從未瓦解的真正家庭，因為他們不斷回過頭來和其他人協議，解決問題。[34]

而且儘管內鬥教人不快，但迪格斯明白，正是這種摩擦讓他們力量強大

RZA說：「在鋼片與鋼片摩擦時，會使兩個刀刃都更鋒利。」

9

一九八三年的《少林與武當》電影，開場時是兩派弟子正在道場比武，一派是專精祕密拳法的少林派，另一派則是保守祕密劍法的武當派。

兩派的師傅都早早叫停，少林大師警告說：「不要讓他們知道太多！」這些長老不怕落敗，卻怕弟子洩露了他們的獨門功夫。

不久，邪惡的滿清王爺派密探得知兩派的祕密功夫，發現他們威脅自己的權力，於是擬了計畫來斬除他們。他舉辦武術比賽，希望兩派彼此殘殺。

但是在最開頭對打的兩名青年得悉了王爺的意圖，他們聯合起來，結合他們獨特的啟發力——少林拳和武當劍，組成最致命的組合。王爺被擊敗了。.

「你們彼此結合，真是天才！」王妃在最後一幕對這些年輕人這麼說。

迪格斯不只混合兩種技巧，他總共混合了九種。這九名大師饒舌歌手也而按功夫的傳統，混合不同的風格、外來的觀念，和非音樂的比喻，形成自己的音樂製作方法。

在融合所有的人，創立武當派十年之後，迪格斯終於可以負擔由紐約市到真正的少林寺七千哩的行程，他終於可以負擔旅費，去看真正的武當山。

「我們站在山上往上看九龍峰時，看到的是三座山形成一個巨大的W——是九年前我用來代表九名團員的象徵。它就像白晝一樣明顯，而且已矗立在那裡上百萬年了，可是有些東西，除非你有心要看，否則是看不見的。」

迪格斯對功夫的著迷，讓他在看自己的山時，能有獨特的觀點——他和他的夥伴們要擺脫貧民窟所必須攀爬的山。

34 此外，就如阿莫斯．巴夏德（Amos Barshad ）在流行文化部落格 Grantland 中所說的，「他們爬出了少林貧民窟，這景象原本就不會好看。」

功夫讓迪格斯了解，摩擦會使我們的精神武器更加銳利，這些武器結合在一起比單獨使用更加強大。性靈數學（spiritual mathematics）告訴他，看似矛盾的事物可以結合起來，形成美妙的事物。西洋棋教會他像瓦西里耶夫和萊特兄弟一樣對事不對人，衝突是為了更上一層樓。

「最重要的，是要明白問題是在棋盤上，不是針對你。」迪格斯說。

我們可以看到，不同的觀點和啟發力有巨大的潛能，但除非集思廣益，否則我們無法運用那個能量。換言之，夢幻團隊必然會產生張力。

進入狀態的力量很吸引人，但就如迪格斯、戴姆勒和萊特兄弟所學到的，讓認知多樣性發揮力量並不容易，經常發生的情況是，由於我們不能處理我們之間的歧異，因此原本該導向進步的張力卻導向破壞或惰性。

問題——以及我很快就發現的解決辦法，都在我們的那一小團腦細胞中。

第二道「夢幻團隊」的魔法

・**集思廣益**

在「創新」中排名較前的企業，會鼓勵員工表達和競爭不同的觀點和衝突。不單只是員工的組成人口有多麼的多元化，而是能把意見說出來。員工如果遵循公司「認可」的單一思維方式，不肯表達不同的觀點和啟發力，在開創新局的時候，遠不如鼓勵員工表達的公司。

第三章 魔法圈

「這些大鼠很沮喪。」

1

十九、二十世紀之交，布宜諾斯艾利斯的氣氛——至少對當地的移民而言，非常緊繃。

這個阿根廷的首都位於南美東南角美麗的拉普拉塔河（Rio de la Plata）畔，從一八七〇到一九一〇年間，居民由二十萬人成長到一五〇萬人，大部分的新居民並非阿根廷人，而是義大利、德國、匈牙利、俄羅斯等國和其他上百地方來的移民。

十九世紀中葉阿根廷獨立時，土地和歐洲一樣大，但人口只有歐洲的五分之一。政府想要吸引移民。移民能開發土地，建設經濟和納稅。因此十九世紀後期，阿根廷官員向歐洲人發了十三萬張免費船票，讓他們越過大西洋前來定居。來此的人把阿根廷多麼美好的消息傳回家鄉，於是一船又一船的移民都來到這裡。

布宜諾斯艾利斯膨脹成為一個繁榮卻骯髒的大都市。就像紐約和聖保羅等其他移民眾多的城市一樣，一波波的新移民促使城市中的摩擦增加。移民驕傲的說他們的母語，無視當地使用的西班牙語。各族裔之間爆發衝突，而且隨著每一個新地方形成的新團體，人們也擔心舊團體的生活方式會瓦解。

第一批猶太人家族來到布城時就是這樣的情況。

阿根廷人並不歡迎非基督徒遷入。他們不了解猶太人的行事方式或原因；政府也不希望猶太人擁有土地。猶太家庭離開在東歐的家園和生計，希望追求更美好的未來。然而，他們卻發現自己被推擠到布城較不理想的地方。到一九一〇年，布城有六萬八千名猶太居民。

由報紙的標題，你就可感受到當地人的恐懼。「我們是否會成為閃族共和國？」一八九八年《布宜諾斯艾利斯先驅報》上的一篇文章這麼問：「俄羅斯猶太人的移民現在名列第三多的移民，而敘利亞阿拉伯人（土耳其人）和阿拉伯人也湧向我們的海岸。」

猶太人被禁止進入好的社區，也不得享受公民權利。他們是仇恨言論的受害者，偶爾也遭受暴力攻擊。

許多當地人透過提倡「真正的阿根廷人」迷思，加劇了緊張的局面：「高喬」（el gaucho，南美牛仔）人被描繪成充滿男子氣概、愛國、騎馬的牛仔，代表著你在阿根廷必須適應的一切事物。高喬人就是南美的萬寶路牛仔，他在彭巴草原土生土長。人們說，如果你沒有一點高喬特色，就不能算是真正的阿根廷人。」

對迫害並不陌生的阿根廷猶太人面臨痛苦的選擇：是丟棄自己的身分，認同這種文化？還是喪失在不受迫害的社會生活的機會？對絕大多數猶太人而言，高喬和他們實在格格不入，他們不禁想：我們會被逐出此地嗎？

到目前為止，我們已在本書中看到，讓人驚艷的合作是由差異驅動的，突破性的進展則是認知摩擦的產物。但正如我們在上一章所談的，摩擦會使人緊張，因而團隊往往無法發揮潛力。我想在本章深入研究該如何減少阻礙的恐懼，讓我們能聚在一起，發揮所長。我們如何讓過度緊張的高潛能關係回到「狀態區」，魔法會在哪裡發生？

萊特兄弟交換辯論的策略，是讓他們的衝突維持建設性發展的好方法，改變彼此的論點使他們能夠對事而不對人，讓他們不致破壞關係。但這種技巧並不適用於一九二〇年代的布宜諾斯艾利斯，無法讓心懷恐懼的當地居民和還在掙扎的移民合作把布城變成居住生活的好地方。武當派的成員在紐約最騷亂的社區長大，很擅長面對衝突，因此願意接受RZA的挑戰對抗，一起製作唱片。但是布宜諾斯艾利斯的猶太和阿拉伯移民並沒有準備和高喬人對社區計畫作激烈的辯論，因此，在他們的城市發生的情況就和發生在大多數移民城市的情況一樣：大家或多或少互相區隔到城市的某些部分，盡量減少和與他們不同的人互動。

都市——或不論規模大小的社區，都需要大量的團隊合作才能營運。在人們互動時，經濟才會成長；在人人都參與時，街道才能保持安全和清潔。確保市民都獲得資源、保護和穩定，不僅僅是市長的工作。

這種社會合作就是人類為什麼會發展出合作能力的首要原因。我們先前提到，人類大腦有闡釋身體語言和臉部表情的能力，甚至語言本身，都是演化工具箱的一部分，讓智人能夠成為主宰地球的物種。因此弱小但能合作的人類才會把長毛哺乳動物和巨大的犰狳獵捕到絕種的地步。我們想出方法防衛自己，不受掠食者威脅，甚至殺死牠們。

而且在沒有劍齒虎的世界，人類最大的威脅很快就變成其他群體的人類。

諷刺的是，到了此時，促使我們合作的生存本能也讓我們冷眼對待和我們不同的人。一般而言，我們可以信任自己的族人不會趁我們熟睡時，為了一塊長毛象肉排宰了我們，但我們卻認定鄰近的部族會這樣做。我們的大腦培養出一種傾向，把看起來和我們不同或者言行和我們不同的人當作潛在的威脅。

科學家把這稱為**內團體**（*in-group*）**心理**。加快我們的速度健全的人類大腦在面對潛在的威脅時，為加速作出反應，會自動把人分為兩類：「安全」的**內團體**（我們的部落，或者有我們熟悉特性的人，我們天生就傾向會幫助和信任他們）和「可疑」的**外團體**（*out-group*）——世上所有其他的人。

神經學家發現：我們的大腦其實天生就如此，罪魁禍首是杏仁核，是位於大腦中央的一對橢圓形塊狀物質，負責幫助我們識別威脅，並引發一連串自動反應，在危險到來時，讓我們的身體準備好戰鬥或逃離。它的運作方式如下：假設你走在街上，一輛小型貨車由車道朝你逼近。你的大腦把這個聲音響亮、快速接近的新物體視為威脅，所以你的杏仁核開始警覺。它們引發大批化學反應，你的大腦會產生一種叫做麩氨酸的分子，讓你停止移動，或者退縮，並且注意。然後它向下視丘發出信號。下視丘通知內分泌腺開始分泌腎上腺素，這會提高你的心跳速率和血壓，讓你準備逃跑或戰鬥。（要是你夠聰明，在此例中你不會打架。）

大腦是神奇的器官。在一瞬間，你已準備好應對威脅。

在史前部落的衝突和小貨車失控的情況下，這種自動自發的恐懼反應發揮作用。但在現代世界與人打交道時，卻會適得其反。在我們遇到言行舉止有別的人時，即使我們雙方並沒有發生衝突，杏仁核照舊會引發連鎖反應。在我們遇到陌生的事物或人時，很難控制一連串的神經化學反應。我們甚至還來不及和不同的人開始合作，它就創造了緊張關係，如果不加以控制，我們對外來鄰居搬進本地的自然反應就是躲避或者毀滅的衝動。[35][36]

35 就像是戴姆勒和克萊斯勒的員工不想對戰，因此他們以組織沉默逃避。我們大多數人不論在上一回考評時覺得威脅多麼嚴重，都不打算和人力資源處的人決一死戰，所以我們躲開他。

36 神經經濟學家保羅．薩克（Paul Zak）的研究顯示，信任度低的組織，員工請病假的人數較多。

科學的證據很明確：只要我們有正常的杏仁核，那麼我們「對陌生人或不熟悉的人都會有這種根深柢固的恐懼」。希臘文中的一個單字就是：「仇外心理」（xenophobia）[37]。

這種心理讓我們走了很長的一段路；在世界對人類來說還大得足以遠離彼此時，它很有用。但那是在我們知道就算是壞的星巴克咖啡店，也比最好的洞穴來得好之前。自農業開始發展以來，就預示了人類會非常接近的生活在一起。

這時，曾幫助我們生存的杏仁核和內團體心理不再有用。我們現在不僅被外團體包圍，而且比以往任何時候都更需要他們和他們帶來的認知多樣性，才能求進步。

回到十九、二十世紀之交的布宜諾斯艾利斯，陌生的新移民湧來，讓當地的居民感到驚慌。

當地人固然可以忽視猶太移民，要他們住在自己的社區，不准他們參與公民事務。但如果湧來的移民太多，會發生什麼情況？如果猶太人想當市長，想要在高級住宅林立的雷科萊塔（Recoleta）區有一棟房子，那怎麼辦？那是一場即將發生的戰爭。

當地人腦中的杏仁核肯定會建議的另一種選擇，就是壓迫這些移民。他們可以打壓他們，剝奪他們機會，甚至殺死他們，一如多年後希特勒政權在歐洲的作為。

當然，最好的選擇是想出該如何互相信任，這可以有兩種作法：他們可以單憑意志力，覆蓋天生杏仁核的作用過程——這是艱鉅的任務。或者，他們可以設法了解該如何讓這些外來的鄰居成為他們內團體的一部分。

當然，在一九一〇年，沒有人會用這樣的方式來思考這些問題。

在世界史上，只有一個國家——美國，接收的移民比阿根廷多。在許多方面，紐約幫派時代曼哈頓各移民族群之間的緊張，後來也發生在布宜諾斯艾利斯。對猶太新移民

---

37 寫出「我有仇外心理」這樣的句子很駭人。在探究人類合作的過程中，我沒有料到會發現我仇外的科學證據。我最初的反應是宣布這科學證據是錯的，並刪除這個句子。但之後我就明白，會有這樣的反應，反而恰巧證明了這一點。我對教我不自在的新觀念，反應就是避開它。因此為了不做偽君子，我還是保留了這個句子。雖然我有仇外的腦，不過值得安慰的是，你的腦也是一樣。

的反彈[38]讓這座城市的穩定受到威脅——一開始是如此。

但後來發生的事很奇妙。儘管猶太人在歐洲受到迫害和殺戮，被貶到紐約的隔離社區，但在布城，反猶太的心理卻大幅消減。布城成了除了當今以色列之外，最徹底接受猶太人的地方。阿根廷的都市因包容來自各地人群的大都會文化而聞名。Porteños（港都人，布宜諾斯艾利斯居民的自稱）對移民的恐懼，和針對移民的仇恨犯罪發生率，降到舉世最低。阿根廷人民發展了一種認同，把移民納入團隊之中。

這是怎麼發生的？要找出答案，我們得看看三個有關電腦怪傑的故事。

2

第一群電腦怪傑來自麻州，那時是一九九九年，戴姆勒克萊斯勒的合併案才剛塵埃落定，環球學習科技（Universal Learning Technologies，簡稱ＵＬＴ）公司的執行長卡蘿·瓦朗（Carol Vallone）正在籌畫她自己的購併。

ＵＬＴ資金充足，發展迅速。它的電腦程式設計師團隊為教師製作了管理網路教學的工具。同時，在加拿大溫哥華的一位英屬哥倫比亞大學大學（University of British Columbia）教授也在致力於一家名為WebCT的網路教學公司。兩年內，非營利組織WebCT已經有近三百萬名學生。

這是非營利組織邂逅營利組織的經典羅曼史。WebCT有人脈和客戶，喜歡在雨中散步；ULT有業務和技術商標，但對貓過敏。

他們會結合嗎？還是不會？

最後瓦朗屈膝求婚。ULT買下了WebCT，他們並轡同行，朝數位夕陽馳騁。

但蜜月不會永遠持續。瓦朗很快就注意到她的兩個辦公室文化多麼對立。一個是加拿大西海岸的非營利組織，另一個是美國東岸的營利機構，他們的觀點截然不同。

ULT的員工雄心勃勃，富有創造力，幾乎到了不耐煩的程度。在瓦朗宣布公司要改用WebCT的名字，接收WebCT的平台時，他們並不高興。

另一方面，WebCT的員工則以學術界為主，行事謹慎。瓦朗回想當時的情況說：

38 當時幾乎每一個移民團體都或多或少面對某個程度的邊緣化，但在布宜諾斯艾利斯（和當時舉世大部分其他城市），猶太移民的情況最嚴重。

「他們覺得企業界要來溫哥華接管公司。」雙方的衝突十分明顯而且迫切。組織沉默開始出現，瓦朗回憶說，加拿大這邊最擔心的是，WebCT會把重點放在讓投資者致富，而非建立這個產業。美國員工則擔心加拿大這方以非盈利的大學精神為重，阻礙速度和創新。瓦隆擔心這個新結合的公司是否真的能融合文化。他們互相懷疑。瓦朗問道：「我們怎麼建立信任？」

ULT-WebCT的合併擁有不同觀點和啟發力所能帶來的所有進步潛力，但它也有所有失敗的可能。「你們受到攻擊，」員工腦海裡的潛意識警告說：「逃或戰的時機到了！」恐懼威脅著要讓整個企業沉淪。

3

第二個電腦怪才的故事由一個刻板印象開頭：A．J．哈賓傑（A.J. Harbinger）說：「再沒有比上前和一名美女搭訕更可怕的事了。」

我曾經在露營時，看到一隻成年的熊吃光我的食物，所以我對他的說法不以為然，不過我沒有說出來。

當時我們在洛杉磯，在哈賓傑兩層樓半的光棍家裡。他的公司「魅力之道」（Art of Charm）為社交焦慮的單身漢舉辦為期一週的「信心啟動訓練營」。我正要為一本雜誌寫關於它的報導。

哈賓傑的說法一開始讓我感到不好意思，但後來我想到他的聽眾：坐在沙發上的八個直男，都是心懷恐懼的書呆子[39]。其中一個的毛病是，只要在其他人身邊，他一緊張，聲音就會沙啞；另一個是害羞的菲律賓移民，雖然他只要一和美國女性交談就嚇得不知所措，但他真心希望有朝一日能走進結婚禮堂。另一個是來自科羅拉多州的電腦程式設計師，多年來他一直都沒有勇氣邀人約會。每個人都有自己略微不同的故事，但最後都是因為男女同校的社交活動讓他們害怕，才會來到這裡。

哈賓傑所做的頭一件事，就是讓一個有血有肉的女人現身！她的名字叫蘇珊娜。我們的功課是在全班面前輪流和她說笑，而哈賓傑則在一旁記錄。雖然和陌生人談話是我身為記者的工作，但在拿著 Flip 攝影機的信心教練前，我突然手足無措。這些怪傑張口

39 請原諒我用這個詞，但我了解像我這樣的人。

結舌的望著我們，我的杏仁核簡直快要發狂。

訓練營每天都有這種練習的新版本。週一是蘇珊娜，週二是在酒吧裡和任一陌生人擊掌，週三和週四是在當地即興喜劇劇院和幾位女士玩傻氣的遊戲，她們要我們假設某些角色，和她們演出幽默短劇——用斧頭殺人的凶手去求職，健美先生彼此熱情道謝，因為荒唐理由而分手的夫妻或情侶等等。我們分組，一起編故事，每個人一次只貢獻一個字。我們輪流大笑。

哈賓傑稱這個方法為「暴露療法」。他說，克服社交恐懼的方法，就是讓自己更常面對這種情況。害怕陌生人？強迫自己去面對他們。害怕女人？強迫自己花時間和她們相處。

儘管有些練習很荒謬，但哈賓傑卻用一個科學的理由來說明這種「治療」的原理。它被稱為「單純曝光效應」（mere exposure effect），是出自社會心理學家羅伯特．查瓊克（Robert Zajonc）的經典研究，一九六七年報上的這篇報導有很清楚的說明：

> 有個神祕的學生過去兩個月來奧勒岡州立大學上課，他用一個黑色的大袋子包住全身，只露出赤裸的雙腳。每週一、三、五的上午十一點，黑袋子就坐在教

室後方的小桌子前上課，這堂課是「演講一一三」——初級說服力……教授查爾斯．葛辛格（Charles Goetzinger）知道神祕客的真實身分，但班上的二十名同學則都不知道。葛辛格說，學生對黑袋子的態度由敵意變為好奇，最後變為友誼。

起初大學同班的學生對這個在黑袋子裡不說話的陌生人並不友好，但僅僅讓同學一次又一次的看到它，就已讓學生不再害怕它，甚至喜歡它！查瓊克用這項研究及其他研究，來說明人類越常接觸某件事物，就越不害怕它們。

在魅力之道參與暴露療法的宅男一再的與蘇珊和其他陌生人互動，就像是哈賓傑有個在袋子裡的陌生人一樣。大部分的參與人這輩子都在避免與不熟悉的人交往。讓他們一次又一次的與陌生人互動不僅是良好的練習，在心理上也消除了他們的恐懼。

到了週末，我在我們的小型影音俱樂部看到了巨大的差異。這些宅男在酒吧裡走向陌生人，請她們跳舞，或者在好萊塢大道上和人搭訕。

這教我印象深刻——哈賓傑的療法發揮了作用！

我們很容易就會由哈賓傑的宅男和暴露理論得出結論，認為光是憑猶太人住在布宜諾斯艾利斯，該市的居民就會更加寬容猶太人。但這個說法並不足以解釋發生的情況，否則同樣的現象也應該會發生在二十世紀初期移民眾多的城市，如聖保羅和紐約。這些城市的仇外心理長期下來確實都有減少——這是調查其居民對移民掌權或犯罪的憂慮所得的結果，但沒有任何地方像布宜諾斯艾利斯那樣明顯，也沒有地方像布城那麼快速。

在大學生和神祕黑袋的案例上，暴露效應的成果要比在長期以來對彼此宗教心存疑慮的群體來得快。在如此短暫的時間內消除布市居民根深柢固的焦慮還不夠。光是暴露效應不足以讓WebCT的員工結合為團隊，緊張的員工可能會先辭職。光是置身不熟悉的女性身旁，並不足以解釋哈賓傑的魅力之道同學多麼快就克服他們與陌生人交談的恐懼。事實證明，哈賓傑、布宜諾斯艾利斯，以及不久之後的瓦朗，將會挖掘出更強大有力的事物。

4

二〇〇五年，一支雜牌軍湊在一起進行一個大計畫。他們共有二十多人，每個人在群體中的地位都平等——這是我們要談的第三個電腦怪傑組合。他們來自世界各地：亞洲、澳洲和歐美的各個角落，從田納西到加州。一名成員是巡迴推銷員，另一個是大學講師。有一個是市政府公車司機，另一個是航空公司的機師。有中國的研究生、印度研究員、白人房地產經紀。有的人已當上祖父，也有女孩和她的小弟，有調酒師、消防隊員、電腦程式設計師、建築師、工程師、服務員、高中生、水療工作者、獸醫和丈夫上伊拉克作戰留在家裡的妻子。怎麼樣的任務可以把一個這樣的團隊聚在一起？他們究竟在哪裡聚會呢？

其實地點不在地球，而是在艾澤拉斯。這是線上遊戲「魔獸世界」（*World of Warcraft*）所有玩家心愛的幻想世界。[40]

這二十幾個人合作，組成了一個玩家「團隊」——一個由各職業所組成、一起完成任務的隊伍。

他們只認得彼此的聲音，對彼此截然不同的生活方式、位置，和收入的多寡只有模糊的認識。有些人在街上甚至會互相避開，如果他們不認識彼此還比較好。

但他們聚在一起玩遊戲了。為了解除邪惡的不穩定者海卓司（Hydross the Unstable）的統治，他們一起進入毒蛇神殿洞穴。

我不想敘述太多細節[41]，但簡單來說：MØndr@ke和Cylonluvr發現術士可以用上DOT（damage over time），在樓梯跑來跑去風箏海底潛伏者Lurker Below。但AngelNavio卻不知突然發什麼神經，太早嘲諷隔壁一群發狂的盤牙納迦。正當全團認為快滅團時，DocSnopes和Flutterbye清完了最後一個平台，於是換成這群盤牙納迦完蛋，大家就一直在農成群的納迦小怪。莫洛葛利姆．潮行者（Morogrim Tidewalker）是個要拓很久的王，但他會掉落那魯冷光魔棒，比起他，海卓斯只算是小意思。

但之後Jennikka9說他媽媽要他上床睡覺，否則會受處罰，因此今天的團隊就在此結束任務了。[42]

全球各地有上億玩家[43]有一段時間都曾是艾澤拉斯的公民，你可以稱它為世界第十四大國——比德國，英國和埃及的人口都多，然而它的玩家就來自這些國家，以及更多地方。「魔獸世界」的玩家並非關在衛生情況惡劣的地下室，與一般的刻板印象截然不同，他們包括醫師、酒保、達美航空的機師和——形形色色的人。

人類學家加州大學爾灣分校教授邦妮·納迪（Bonnie Nardi）就參與對毒蛇神殿洞穴的奇襲。她正在進行一項網路遊戲文化的民族誌研究，並加入一個部落公會，以便深入了解遊戲中所發生的合作現象。

「魔獸世界最驚人的事，是它把各種社會階層聚集在一起的方式。」納迪在她的書《我的暗夜精靈牧師生涯》（*My Life as a Night Elf Priest*）中寫道。納迪一直致力於研究世界各地的文化，她預期會有內團體恐懼外團體的人類行為模式。她在研究調查的旅途中，親自驗證心理學家的說法，即人類根本的行為模式是與類似的人合作，而避開或懷疑不同的人。她舉例說：「我到巴布亞新幾內亞或西薩摩亞的村莊散步時，顯然是一

40 公開披露：我大概有十六股動視暴雪（Activision Blizzard）公司的股票，這是魔獸世界開發商。我還在學校讀書時就買了這些股票，「星海爭霸II」（StarCraft II）遊戲推出時，我與奮不已。不過別問我星海爭霸II的技術如何。

41 這些細節有些純屬虛構，但各位懂我的意思，這個大方向是正確的，而且海卓司確實不穩定。

42 你不是魔獸世界遊戲玩家嗎？你現在的感受就是我大學時聽到同學談論大學美足賽事時的感受。

43 暴雪公司在二〇一四年宣布，共有上億玩家設立了帳戶，創造了逾五億個角色。

個外人，需要解釋身分。」

但魔獸世界卻不一樣。在遊戲中，沒有人恐懼她，也不評斷她是什麼人。她說：「在魔獸世界，我只是另一個玩家。」

在魔獸世界這個社群，不必害怕與自己打交道的對象。這是個「魔法圈」，正如荷蘭歷史學家約翰．惠欽格（Johan Huizinga）所說的，玩家「走出『真實』生活，進入臨時的活動範圍」，消除日常焦慮的壓力。

惠欽格的《遊戲人》（*Homo Ludens*）最先在一九三八年出版，書中內容經常被人引用，別開生面的說明在我們玩遊戲時大腦的變化——無論是魔獸世界還是其他遊戲，或者只是開開玩笑。根據惠欽格以及後來行為學者的說法，遊戲是一種吸收的經驗，我們可以藉此逃避常規的社會或實際上的義務，體驗快樂。它成了逃避現實世界問題、危險和恐懼的避難所。

近年來，神經學者已經證明，遊戲和歡笑實際上可以讓我們的大腦不再那麼恐懼。這是怎麼做到的？

是藉由搔大鼠（rats）的癢。

我這輩子從沒想到會在同一句話中聽到「大鼠」和「搔癢」兩個詞。不過現在我正和西北大學的的傑佛瑞．布格多夫（Jeffrey Burgdorf）通電話。布格多夫是舉世第一的老鼠搔癢專家。[44]他率領研究人員做實驗，為大鼠搔癢，讓牠們發笑。

我對布格多夫提的第一個問題可能正是你想問的：「為什麼？」

因為這些大鼠並非一般鼠輩，布格多夫解釋：「這些大鼠很沮喪。」

原來如此。

布格多夫說，就技術而言，只要你心裡「放棄」時，就會憂鬱沮喪。你沮喪時，很難對世界產生興趣——懶得起床，沒有努力的意願。你無法看見面前有「敞開的大門」，通往可能會更美好的未來，你會因為像恐懼的冷漠而封閉自己。

但布格多夫發現，讓大鼠笑，會讓牠們的大腦釋出一種化學物質，「產生迅速而強

44 我可以斷言這話正確，因為他當時是舉世唯一一位大鼠搔癢專家。

力的抗憂鬱反應」，笑和遊戲可以讓已經停止嘗試的大鼠暫時恢復活力：在這樣做的過程中，大鼠比較不會因為恐懼牠大腦預見的空洞未來而麻痺癱瘓。而且事實證明，多次這樣做之後，大腦的神經可塑性就會形成新路徑，幫助老鼠向前進。

讓我先說明：慢性憂鬱症是潛在的折磨，每天都有數以百萬計的人在與它搏鬥，光是笑聲無法緩解它多久。但布格多夫的研究教人著迷，因為它說明遊戲可以幫助大腦更勇敢。換言之，它提示惠欽格的大腦科學，也就是歡笑和遊戲如何幫助我們的大腦「結束緊張的局勢」。

現在你了解我們想要說明的事了嗎？

當我們的大腦感受到可怕的事物時，就會保持警覺。杏仁核啟動了。這可能是危險的物體，比如我們先前所提失控的小貨車，或者是與我們不同的人出現。

但是當我們證明這種侵犯是良性時，突然的領悟就會產生一種宣洩效應。於是我們鬆了一口氣，我們笑了，我們繼續向前。

舉個例子，突然碰到一隻熊很嚇人（我就有親身經歷），但等到你發現牠其實不是熊——只不過是你的朋友布萊恩脫掉了襯衫。這是一種良性侵犯（benign violation），讓你發笑。杏仁核退場；下視丘停止分泌腎上腺素。一切都會沒事。

這正是我們對遊戲的反應。正如遊戲的理論家布萊恩・薩頓－史密斯（Brian Sutton-Smith）博士所說：「遊戲對我們而言，是焦慮突發的刺激。」我們的杏仁核可能會讓我們感到焦燥，並開始警覺，「但腎上腺素並沒有分泌至體內，」薩頓－史密斯說：「額葉可以壓抑大腦後部的反射現象。」

換言之，遊戲讓我們對可能會讓我們焦慮的事物不再那麼恐懼，而這些事物也包括來自外團體的人。

紐約大學教授傑・范・貝佛（Jay Van Bavel）在一項研究中證明這種效果，他向受測者展示黑人和白人臉孔的照片。在他們看照片上不同的面孔時，范・貝佛就掃描受測者的大腦。可想而知，白人受測者的杏仁核在看到黑人臉孔時比較活躍——反之亦然。在受測者見到其他族裔的人時，神經科學常會出現這種現象。

但後來的發展卻很有意思。

受測者獲悉他他們將與他們在照片中所見的人一起玩遊戲。在受測者看著其他遊戲者的臉龐時，不論其他人看起來是什麼模樣，受測者的杏仁核都冷靜得多。

這樣的反應在自然界中經常發生。科學家發現狐猴會與其他親屬團體的狐猴一起玩耍[45]，以克服仇外的心理。大猩猩會像人類的小孩一樣玩「鬼抓人」的遊戲，以減輕緊張的情勢。

而這就是玩魔獸世界的數百萬名玩家所做的事。

納迪說，有一大群軍職人員也在玩魔獸世界，並不是因為軍人喜歡戰爭遊戲。[46]她說，這些軍人玩這個遊戲，是為了應付實際戰爭的緊張。一名美國陸軍士兵在納迪的艾澤拉斯戰役中說：「這遊戲是一種逃避。」能幫助他消除恐懼。

逃避外在的緊張並不是遊戲唯一的好處，二〇〇八年在《哈佛商業評論》（*Harvard Business Review*）發表一項研究證實我們方才發現的一點。玩魔獸世界等網路遊戲能讓人跨越社會上的分歧，成為更好的合作者。不僅如此，這個遊戲也「逐漸使他們不再厭惡群體衝突」。

事實證明，遊戲使我們不再恐懼認知摩擦。

哈賓傑和他在魅力之道的教練認為，他們正藉由暴露的方式，幫助的學員克服社交恐懼。但該計畫中最有力的元素是遊戲。與蘇珊在鏡頭前進行角色扮演確實可怕，但它的本質是遊戲，這使得它執行起來比較容易。在酒吧裡和人擊掌？那也是個遊戲。即興喜劇更是**不間斷**的遊戲。

把充滿威脅感的社交互動重新化為遊戲，它就成為社交練習，就像小獅子藉由彼此的摔角來練習打獵一樣。[47]遊戲能減輕對這些學生來說可怕到無法承受的壓力。它幫助他們自在的面對曾使他們害羞的社交互動緊張。

就像它會幫助瓦朗新結合的兩家公司克服組織沉默一樣。

45　一群狐猴的英文叫做「a conspiracy of lemurs」。你讀過了，不能再改成「未讀」。

46　也並不是因為美國軍方用電玩遊戲來甄選士兵，至少在此例中不是。

47　有些「魅力之道」比較差勁的同行會教男人如何成為所謂的「搭訕藝術家」（pickup artists），他們恐怕也是採用這種方法——絕非巧合。我在為雜誌寫報導時曾做過調查，知道大多數自稱為搭訕藝術家的可疑男性，剛開始一談到約會時，都是心懷恐懼，毫無自信。齷齪的把妹達人「社群」把約會變成遊戲，幫助光棍克服他們約會的困難。在撰寫本書時，以搭訕藝術家為主題最出名的一本書，書名就叫《把妹達人》（*The Game*）。

5

俗話說：「在一小時的遊戲中，你對某人的了解，比和他談一年的話所得的了解還多。」

瓦朗可等不了一年，競爭對手的程式設計師和教育人員已經在挖掘戰壕，準備隔離或戰爭。她知道自己必須採取行動。

因此，新公司在溫哥華舉行的第一場會議中，她化著大濃妝，圍著羽毛圍巾，足登六吋細高跟鞋，一頭挑染的蓬鬆髮式，大步走上舞台。

她以迪士尼電影《一〇一忠狗》裡壞女人庫伊拉（Cruella de Vil）的角色，向新公司及其用戶致詞，她開玩笑的宣布是為了毀滅老公司而來——以讓人捧腹的方式，極好笑的承認每個人心中的憂慮。她說：「那就破了冰。」

破了冰，打破了沉默。藉由這個小小的角色扮演，瓦朗化解了緊張局勢。她的搞笑使員工能夠更自在的公開談論他們一直在背後竊竊私語的內容。

庫伊拉只不過是個開始。瓦朗著手創造一個充滿遊戲的工作場所，她把員工由一個辦公室交叉搬遷到另一個辦公室，並把公司重組為輪值、跨功能的團隊，不僅需要共同為計畫努力（並運用她在每個團隊中「投入」的認知多樣性！），也要在一連串永無止境的團隊比賽和競爭中一起遊戲。

各團隊互相競爭，為公司所造的新產品和特色提出有趣的內部代碼名稱。只要公司舉辦派對，他們就會對其主題進行奧會式的競標。他們在辦公室裡惡作劇，趁同事請病假時重新裝飾他們的辦公室。在公司所有的會議中，他們都穿上戲服演出幽默短劇。他們互相提名爭取有趣的獎項；如果有人工作表現出色，同事們就會製作超笨的獎狀，貼在椒鹽脆餅桶上，並發表演講。

有些作法比較實際，但仍然很有趣。瓦朗說：「這是一場持續性的競爭，只要你的團隊能夠證明，你們能用更有效益和融洽的方式做事，那麼你們就可以放手去做。」有一個團隊發現，公司旅遊不必租用一整排飯店房間，而可以用較低廉的價格租一棟豪宅，他們就真的這麼做了。

新的 WebCT 成為避風港，充滿歡聲笑語和戲服，有趣的儀式和虛構的假期。相較之下，戴姆勒克萊斯勒新的融合文化教人害怕。遊戲創造出「魔法圈」，WebCT 的員工可以藉此無畏的解決各種明顯而重要的大問題。遊戲讓他們感覺他們屬於同一個內團體。

瓦朗說：「這是我們組織結構的一部分，它解決了焦慮，消除了恐懼，擺脫了擔憂。」

在我們步入遊戲的魔法圈時，可以把現實世界拋諸腦後。而且事實證明，遊戲不僅會暫時緩解恐懼，而且長久下來，它可以幫助團隊征服恐懼。正如比薩集團（Pisa Group）的研究人員丹妮拉·安東娜契（Daniela Antonacci）、艾文·諾斯夏（Ivan Norscia）和伊莉莎貝塔·帕拉吉（Elisabetta Palagi）所指出的，遊戲可以「直接抑制和調節侵略行為，因此改善社會融合。」

當我們走出魔法圈，回歸現實生活時，和我們一起遊戲的玩家往往會被我們的杏仁核歸在「安全」的類別中。不論我們前往更衣室、登出網路遊戲，或結束即興會議時，我們依舊是同一個「內團體」的成員。

這正是在猶太移民開始踢足球時，布宜諾斯艾利斯所所發生的情況。

6

在阿根廷立國的最初幾十年，futbol（西班牙文「足球」）是菁英運動，只有富裕的地主才能在精心修剪照顧的私人足球場上踢球。

他們可不會在貧民窟玩球——至少一開始沒有。

到一九二〇年，布市人口已達兩百萬。這些「港都人」中，有一半出生在其他國家，剩下的人中，又有一半是移民的子女。

西歐人很快形成了一個獨特的集團——義大利人、德國人、法國人、西班牙人、英國人，甚至北歐人，他們在外表和宗教上十分相似，在政治上成為雄心勃勃的少數派。阿根廷的統治階級擔心國家認同的問題，阿根廷人變成什麼模樣？隨著布宜諾斯艾利斯的成長，越來越難用「高喬」一詞回答這個問題。

大約就在此時，足球由莊園流行到大街小巷，很快就成為工人階級最喜歡的運動。孩子們在人行道上踢球，足球隊也如雨後春筍般紛紛出現。移民和非移民發現他們出現在同一條街上，同在一起。他們對這「美麗遊戲」*的熱情，使他們結合在一起。

「足球引入由工人階級代表的民族身分，」大衛．戈德布拉特（David Goldblatt）

在篇幅達九百頁的足球史巨著《足球是圓的》（The Ball Is Round）一書中寫道：「阿根廷足球員和阿根廷足球風格，成了阿根廷男子氣概和國家新觀念的核心標誌。」

知名的高喬讓位給家喻戶曉的「披被」（pibe，男孩之意）——來自貧民窟的街頭小子，靠著伶俐機智和意志度日。這孩子並沒有像牛仔一樣騎在馬背上圈牛，而是在踢足球。這是新的阿根廷之夢：白手起家的足球之神。[48]

猶太高喬人相對較少，但猶太的披被呢？在十九、二十世紀之交，住在宜諾斯艾利斯約十二萬猶太裔的歐洲人往往被視為外人。他們不論是穿著、語言和崇拜的宗教，都與其他移民社群不同。他們主要生活在自己的社區裡，很少被當成是阿根廷人。

但隨著足球受歡迎程度的增長，猶太兒童也開始踢足球——不論是在彼此之間，或者與外團體的其他人一起玩，長大後也繼續玩。到一九二〇年代，足球已成為猶太裔阿根廷人的頭號消遣。球場是共同的場地，人人都可以聊這個安全的話題。地方報紙將足球描繪成布市－布市民（porteñidad–porteño-ness）的新象徵。因此猶太裔的球員成了布市民。

台拉維夫大學教授拉南．瑞恩（Raanan Rein）說，加入足球隊是猶太人「變成」阿根廷人的一種方法。瑞恩博士寫道[49]：足球是「創造新社會認同的一種手段」。

猶太裔阿根廷人當然沒有放棄他們原本的信仰。但接納阿根廷的非官方宗教——並與其他人一起崇拜全能的球門，讓猶太裔阿根廷人在信仰和習俗上的差異不再那麼可怕了。社會大眾對猶太人的看法逐漸變得不再那麼歇斯底里。

猶太裔阿根廷人成為內團體的一分子。

哥倫比亞大學巴納德學院（Barnard College）歷史學家何塞．莫亞（José Moya）寫道：「布宜諾斯艾利斯猶太人在居住方面的隔離情況，比大多數其他城市更快，更明顯的減少。」幾年內，猶太裔居民在布市不需要住在一起以求安全。他們很快就分散到城市的每個角落。

港都人真的那麼特別嗎？畢竟布市並非西半球唯一喜愛足球的城市。這項運動席捲了整個拉丁美洲：聖保羅、聖地牙哥、墨西哥市等移民人口眾多的新世界新興城市。雖

*譯注：Beautiful Game，指足球。起源不詳，經巴西球星比利一說之後蔚為流行。

48 披被的典型人物是傳奇的足球員馬拉度納。他年幼時曾經跌進化糞池，後來回憶說那種噁心的記憶是驅策他成功的事物之一。就像迪格斯一樣，馬拉度納發現自己全身都是糞便，而且他也像迪格斯一樣，有勇氣說：我絕不重蹈覆轍！

49 書名《足球，猶太人和阿根廷的組成》（*Fútbol, Jews, and the Making of Argentina*）。

然足球也化解這些城市文化群體之間的緊張關係，但歷史學者一致認為其效果在布宜諾斯艾利斯最明顯。港都人就是比較快的變得不再那麼害怕。

為什麼會有樣的差異？

當然，推動社會改變的因素多樣而複雜。但在布市，有個因素無可爭議：人們對足球的熱情比其他任何城市都高。布市擁有最多的足球隊伍，比起任何地方人均比都還要高。[50]

安東娜契、諾斯夏和帕拉吉解釋說：「在經常遊戲（不論有沒有規則）的社會裡，顯示出更流暢、民主的架構，對新來的人也更開放。」遊戲能夠消除緊張，讓人不再恐懼發言，因而能消除社會階級的障礙。即使遊戲採取的是輸贏的形式，只要訓練是針對遊戲，而非演變為傷害其他人，它就有建立同志情誼之效。在這方面的影響上，布市比世上任何一個同類城市都更強烈。遊戲在阿根廷帶來了良性的循環。越常踢足球，就意味著越少隔離，這會使人更愛踢足球，甚至使偏見更少。就如牛津大學的邁爾斯·休斯敦（Miles Hewstone）教授在一系列研究中所發現的：「越多族裔群體混合的城市社區，種族偏見最容易減少。」就是因為足球賽，使布市在二十世紀初期到中葉種族隔離的情況比巴西、智利或墨西哥等類似的都市都少。

他們能在自在的一起生活，是因為他們在一起遊戲。

當然，遊戲不是能治偏見的靈丹妙藥。[51]儘管有足球，但阿根廷也和其他國家一樣有仇外心理。[52]不過現代阿根廷在容忍度和包容性方面，仍在世界各國中名列前茅。

那麼阿根廷的猶太人口數量是多少？根據大多數的估計，超過二十萬人。在撰寫本書時，阿根廷的猶太人數量和以色列第三大城海法（Haifa）一樣多。[53]

---

50 而且不論是時機好壞，他們都照常踢足球。阿根廷在一九七八年舉辦世界杯足球賽，並贏得了該國第一個世界杯冠軍，但這時該國的政治犯卻受到獨裁者統治的折磨。

51 我非常清楚而且十分厭惡某些足球迷的種族主義、同志恐懼症和流氓行為，不論是拉丁美洲或全世界都一樣。比如球迷認為，有歧視同志之嫌的加油口號只是一種足球傳統，在比賽場外並無意義。這是懦夫的藉口。有人聲稱遊戲的魔法圈會消除偏見，請容我質疑這種說法。讓我們不要容許壞傢伙以這種方式濫用遊戲的魔力。愛是愛，恨是恨，無論是在場上還是場下都一樣。

52 社會標籤本質上就不確定，但在如今笨拙的說法中，我們可能會說阿根廷「族群」（ethnically）多樣性更甚於「種族」（racially）多樣性。其實阿根廷黑人人口較少的部分原因，是巴托洛梅．米特雷（Bartolom Mitre）總統的種族主義政策，即在一八六五年巴拉圭戰爭期間，派黑人赴前線送死。

二〇一四年，教宗方濟各（Francis I）辦了一場跨宗教足球賽，由舉世最大宗教代表互相對抗，猶太教徒和基督徒；印度教徒，穆斯林和佛教徒——老教宗讓他們互相對戰。

為什麼？

為了慈善的目的。方濟各是阿根廷人，熱愛足球，決心要讓世界各大宗教的信徒在場上較量，並把收益用於慈善用途。教宗從小就踢球，知道遊戲有助於我們和睦相處。

教宗說：「今晚的比賽……反映了足球和運動可以提升的普世價值——忠誠、分享、歡迎、對話、彼此信任。不分種族、文化和宗教信仰，而是讓人人團結在一起的價值觀。」[54]

讓我們的大腦產生這種內團體影響的，不僅僅是運動而已。運動之外的遊戲也可以獲得同樣的心理結果。安塔娜契和她的同事指出，即使是非結構式的遊戲也能限制仇外的攻擊。

談到侵略，還記得武當派嗎？那九個在街頭廝混的饒舌歌戰士起初並不覺得他們屬於一個內團體。迪格斯頭一次主辦集團內的饒舌歌比賽，就知道他們的活力可能創造——或破壞。如果我們仔細想想，RZA的內部競爭實際上就是一種遊戲。那場比賽讓像瑞空和鬼臉煞星這樣的對手建立聯繫。這個魔法圈發揮它的魔力。武當克服種種困難，團結成了幫派。

現在再想想那些消除恐懼的即興喜劇——幫助魅力之道的宅男找到自在面對異性的祕訣。藉著參與尷尬的遊戲，害羞的宅男頭一次開始把陌生人視為內團體的潛在成員，而非對手或可怕的外人。

納迪博士的魔獸世界公會認為他們正在和一隻發光的藍綠色水中怪物對戰。其實他

---

53 一則趣聞：一九六〇年，阿根廷的猶太人比耶路撒冷的猶太人還多。

54 歷史最悠久的和平協議就是以這種方式出現的。希臘伯羅奔尼撒（Peloponnese）半島上交戰地區的領導人如果決定要停戰，就會以一連串遊戲，讓人民和平地聚集在一起——迄今這些遊戲仍然在進行，也就是奧林匹克運動會。奧運的歷史或許源遠流長，早在公元前七世紀就有紀錄，但在那之前千百年，社群就因運動而結合在一起。許多考古學家就認為法國的拉斯科（Lascaux）洞窟壁畫所描繪的就是一萬七千年前我們未能趕上的社群盛宴。至少由石器時代開始，各種體育運動都讓城市、社區和學校聯結在一起。

們跨越了社會和地理上的分歧，其和諧的程度就連爭吵不休的聯合國大會上都很罕見。參與者不需要簽署條約，公會建的橋樑只是與不同的人遊戲的自然結果。

在阿根廷人開始一起玩足球時，他們就能更自在的面對以前讓他們感到害怕的差異。隨著阿根廷隊的國家隊取得好成績，像馬拉度納這樣的球員揚名國際，球賽遊戲就變成能使任何人在阿根廷都可以對話的動力──無論他們的外表有多麼不同。

各位讀者應記得我們的朋友山下．凱斯喜歡說「微行動累計起來會影響全局」。我們的每一個關於遊戲的故事都強調了這一點。瓦朗透過一千個微機會，穩定一個不穩定的群體。她創造一個環境，讓她的員工可以在魔法圈中累積很多小小的時刻，並透過它成為偉大的團隊。大量積極、有趣的社交互動，讓魅力之道的宅男在社交方面有更好的表現，而且他們說，自己不僅在約會方面有進步，而且在工作、建立人脈和合作方面，也做得更好。在成千上萬次足球場上的對壘之後，布宜諾斯艾利斯的居民也藉著遊戲，找到彼此共同的身分。

在所有這些案例中，原本表面上看似處不來的人，如今卻能在「狀態」中一起進步。

當然，並不是光靠克服恐懼和穩定團隊關係，就能完成創造偉大團隊的挑戰。

事實上，有時候我們的團隊沒有達到狀態，並不是因為我們太恐懼衝突，或者因為彼此之間存在太多問題，而是因為事情進展得很順利。或者我們以為如此。

第三道「夢幻團隊」的魔法

・遊戲

團隊成員步入遊戲的魔法圈後，可以讓人更自在的面對曾經使人緊張的社交互動。遊戲不僅能暫時緩解面對陌生人的恐懼，把現實世界的成見拋諸腦後，而且還可以幫助團隊不再厭惡群體衝突。

第四章　天使般的搗亂者

「盡力而為。」

1

一八八七年九月的一個夜晚，在紐約市，一個身高一六五公分，髮色深棕的女子奈莉莫名其妙的出現在紐約市第二街八十四號的門口，她瞪大眼睛，一臉驚訝。

她的衣服雖高雅，但很陳舊。她穿著一身灰色法蘭絨衣裙，戴著棕色絲織手套，頭上是草編的水手帽，附有灰色的面紗。她的聲音低沉，腔調很奇怪，一臉茫然的表情。她身上沒身分證，也沒有私人物品。

她按鈴的這棟四層樓磚砌建築，是艾琳．史坦納婦女中途之家（Matron Irene Stanard's Temporary Home for Females），只要三十分錢，工人階級的婦女即可以在此安全的過夜。

一名僕人把奈莉帶進一間共用的房間，並送來晚餐。但用完餐後，事情很明顯不對勁。

這個女孩——十九歲，體重五十一公斤，似乎受了驚嚇，根據當晚其他在場婦女的說法：「眼神狂亂而恐懼。」奈莉的故事很奇怪，她說她來自美南，姓布朗；可是後來她又說她來自古巴，姓莫雷諾。她的行李箱丟了。她懼怕全世界所有的殺人犯，外面的人有這麼多的工作要做。她瞪著眼睛，一直在喃喃自語。

當奈莉開始詢問在場其他婦女是否精神不正常時，她們認定她很危險。有人說：「我不敢和這樣的瘋子待在同一棟房子裡。」

也有人說：「她會在明天早上之前殺死我們。」

奈莉整晚都沒有闔眼。她盯著窗台上的蟲子，其他婦女則打電話叫警察。

在上了兩次法庭，看了三次醫師後，奈莉躺在表維醫院（Bellevue Hospital）的床上，等待被移送到精神病院。

當天晚上奈莉沒有入睡，她聽到護士談論她和其他婦女。第二天早上，醫師問她是否聽到聲音。

「是的，有人一直在說話，我睡不著。」她回答道。

「我就知道。」

他們宣稱奈莉「確定痴呆」。她很快就走過一塊木板，被送上渡輪，帶到她的新家。

「這是什麼地方？」奈莉問那個護送她下船的男子。

「布萊克威爾島（Blackwell's Island），瘋人院，你永遠都別想出去。」

2

奈莉被關進精神療養院時，畢卡索六歲。多年後，他的精神問題才會顯現。

他在二十歲時變得非常沮喪。接下來幾年他的畫作反映出他的憂鬱，畫面上全都是藍色。

但畢卡索控制了自己的憂鬱症，成為西班牙最著名的畫家——不久之後更揚名國際。但到他六十歲時，他的憂鬱症又惡化了。

這導致他每天早上會有一段相當奇特的慣例。畢卡索當時的情人，弗朗索瓦．吉洛（Françoise Gilot，比畢卡索年輕四十歲！）在她的回憶錄中寫道：「他總是滿懷悲觀的醒來。」他躺在床上呻吟。然後必定會發生以下一連串事件：

女僕會送上咖啡和土司。畢卡索會躺在那裡抱怨：「為什麼要起床？為什麼要畫畫？」他很痛苦。他生病了。人生難以忍受。他會賴在床上至少一小時，吉洛懇求他起床畫畫。

「你並沒有病得那麼嚴重，」她會說：「朋友愛你，你的畫很棒，人人都這麼想。」畢卡索最後會回答說：「好吧，也許你說得對……但是你確定嗎？」她會堅持說她很確定。最後，再呻吟一下之後，畢卡索會掙扎著下床，開始畫畫，直到天黑。

第二天早上，一切歷程又會重新開始。

在畢卡索與吉洛生活的十年間，他畫的比前十年和後十年所畫的都多。在這段期間，他畫了著名的《阿爾及爾的女人》（*Les Femmes d'Alger*）系列，其中最後一幅畫在二〇一五年拍賣，創下最高價的世界紀錄，售價為一億七千九百萬美元。

我們理所當然會認為，要不是吉洛把畢卡索哄下床作畫，就不會有這種成績。

這個小故事教給我們的，不僅僅是如何讓一個沮喪的畫家拿起他的畫筆。我們往往具備做出傑出工作所需的一切元素，但卻好像被困在床上一樣動彈不得。

這就是在我們的團隊沒有任何認知摩擦時所發生的情況。我們可能擁有可用於掌控的各種差異，但卻並沒有利用它們。

在團隊動力中，讓我們陷入惰性的罪魁禍首通常不是憂鬱，諷刺的是，原因往往是先前的成功。

我們越常用同一套觀點和啟發力，我們的大腦在這個主題上就越不靈活。心理學家稱之為「認知壕溝」（cognitive entrenchment）。

當人們以同樣的方式處理同樣事物的時間越長，認知深化的情況越嚴重，尤其是當這些方式有效之時。

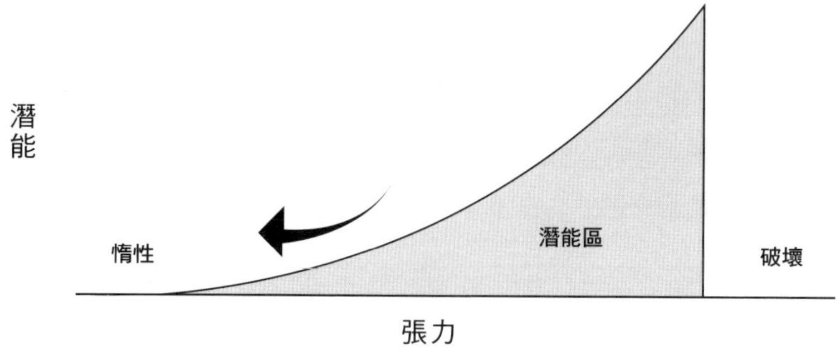

研究證實，人在一起工作的時間越長，工作的方式就越相似。我們一開始可能並不相同，但隨著大家在一起的時間越多，言行舉止甚至連穿著就越相似。過一陣子之後，我們的觀點也越來越一致。我們學習並模仿彼此的啟發力。久而久之，我們很容易陷入相同的思考模式。企業界經常稱之為「最佳作法」（best practices），但心理學家則為之正名為「群體迷思」（groupthink）。如我們所知，群體迷思消除認知摩擦。我們在問題山上找到好的解決方案，於是就安於這些方式。

萊斯（Rice）大學教授埃瑞克．戴恩（Erik Dane）的研究歸納由此產生的諷刺結果：「由於認知壕溝，專家辨識最佳解決方案、適應新情況，以及在專屬領域產生根本創意想法的能力可能會受到限制。」

換句話說，讓我們卡在山峰上的事物，正是當初讓我們攀上山峰的專家觀點和啟發力。

在這些例子中，就像畢卡索的故事所表達的一樣，限制我們發揮夢幻團隊潛能的，就是缺乏一個能推我們一把的隊友。

3

在布萊克威爾島的第一晚，奈莉不停的顫抖，無法控制。這棟建築很冷。病人站在走廊上，因紐約的嚴寒而牙齒打顫。奈莉想要一件睡袍，護士回答：「你別指望在這裡會得到體貼的照顧，因為根本沒有這種事。」她被泡進冰冷的水裡，粗暴的擦洗，並且被迫清理護士的宿舍。

療養院在一八三九年開放，就在早幾年興建的監獄隔壁。這是紐約市第一家由市政府經營的精神病療養院，為精神病患提供生活空間和全天候的照顧——讓他們與民眾分隔。

奈莉到達布萊克威爾時，全美各地被送入療養院的精神病患已達十五萬人。此時紐約有幾個人滿為患的療養院。

精神病成為排除任何被社會遺棄的人的藉口。流浪漢和乞丐沒犯罪，卻經常被送去療養院。更糟糕的是，任何「不守婦道」或表達強烈意見的婦女，都可能被丈夫或兄弟通報，而被送到精神療養院。她們和思覺失調症患者關在一起。

像布萊克威爾島這樣的收容所經費不足、人手不夠的情況嚴重，惡名遠播。但紐約市長亞伯蘭·休伊特（Abram Hewitt）等官員並未優先考慮這個問題，甚至連想也沒有多想一下。休伊特正忙著稅務改革，以及規劃地鐵系統的發展。

因此五十年來，精神療養院制度一直都是自生自滅。紐約人就希望這樣，布萊克威爾島這種地方可以讓不受歡迎的鄰居保持在視線之外。

在長達數十年的惰性中，精神療養院系統及其患者沒有任何出路。社會已找到了一座山峰，並在那裡建立永久的營地。低水準一直沒有改善。像奈莉這樣的患者發現自己好像被關入監獄中，療養院幾乎沒有提供援助，也未緩和痛苦——這個世界根本不必再考慮這些問題。

奈莉在婦女中途之家的那晚雖然顯得茫然和困惑，但她並沒有做任何特別危險的事情。可是，她奇特和偏執的行為卻向中途之家婦女集體的杏仁核發出威脅的信號。她不同尋常的說話和思考方式讓接下來與她打交道的警察感到不安，所以他們把她鎖進療養院。

奈莉的確有點不正常，但實情並非如布萊克威爾島療養院的員工所想的那樣。

4

G公司的高階主管張口結舌。[55]他們聚在倫敦市中心一間寬敞的磚砌閣樓裡，瞪大了眼睛。這裡是全球感知（Sense Worldwide）公司的辦公室，全球感知是一家顧問公司，這次的任務是幫助G公司擴大某個產品陷入困境的市場。

這項產品是「水泡護墊」——能慢慢釋出藥膏，協助傷口癒合的貼布。在一九八〇年代水泡護墊發明之後幾年，其銷售量逐漸停滯。G公司是大型醫療保健品公司，全球各大藥房都有該公司的產品，但他們想不出該如何刺激水泡護墊的銷售。公司呆坐惰性區，就像畢卡索賴在床上一樣。

不過G公司並非沒有嘗試過起床，它四處探索一些想法，只是想不出比水泡護墊更好的產品，或者至少找不出可以吸引更多顧客的產品。

戴恩博士對認知壕溝的研究正可說明這個情境。當我們有個長久以來都有效的解決方案，就很難以別的看法來看問題。他說：「要解決問題的人可能念念不忘某種方法，結果反而對自己不利。」

因此G公司聘請由英國作家兼遊戲設計師布萊恩・米勒（Brian Millar）所領導的感知公司團隊。他的專長可以說是協助企業找到更高的山峰。在做了一番評估之後，米勒請G公司的幹部來他的辦公室，和「焦點團體」（focus group）談談水泡護墊。但他們不知道米勒準備了叫人吃驚的一幕。

他找來的不是從購物商場隨機招募形形色色的人——G公司的人所習慣的典型目標族群，而是一群美麗的女子，她們魚貫進入感知公司的辦公室。她們留長髮，化了妝，也塗了指甲。她們手上拿的不是購物袋，而是一堆細跟皮靴和高跟鞋。

55 基於隱私原因，我已更改了公司的名稱。

她們是性虐戀（皮繩愉虐）中的專業施虐從業者。

這些女士坐下來，公司幹部都不由得搖頭。她們不是G公司的目標顧客。他們告訴米勒他們想擴大顧客群時，腦袋裡想的可不是收費性虐顧客的人。就算全世界所有的施虐從業者加起來，也只能購買G公司水泡護墊的一小部分。這是什麼花招？

研究目標族群的歷史可以追溯到第二次世界大戰，當時的心理學家讓人觀看軍事宣傳片，醫師躲在單向透視玻璃後面，觀察哪些訊息對一般人而言最有說服力。他們想知道什麼樣的語言和圖像最可能影響一般人。

戰後，另一種宣傳者開始採取這種做法：行銷人員。

公司開始徵人，測試哪些產品和活動對最大數量的潛在客戶最有說服力。這些「目標族群」很快演變成一種讓公司從一開始就能得到靈感的方法。如果你沒有點子，為什麼不問問一般人他們想要什麼，然後製作它？

米勒的公司之所以存在，部分原因是這些目標族群存在一個大問題：平常的人只會提出平常的想法。

米勒向我解釋：「一般消費者對他們所擁有的產品都非常滿意，我對九〇年代後期的諾基亞非常滿意，所以如果你問我：『我們可以為你的手機添加哪些新功能？』我會說『這款手機十全十美。你的問題我幫不上忙。』」

我們的杏仁核經常會讓我們對目標族群應該提出的各種想法感到不自在。任何有創意或不同的事物都會讓人感到陌生，甚至可怕。各方研究在企業中一直都有發現這一點。事實上，根據賓州大學珍妮佛・穆勒（Jennifer Mueller）所率領的研究，帶來創意的人不太可能會被聆聽或成為領導人。因為「創意的表現往往和不確定性有關」。

根據米勒的說法，這解釋在目標族群研究中失敗的事物：個人電腦、果醬餡餅（Pop Tarts）、《歡樂單身派對》（*Seinfeld*），烤起司辣味玉米片（nachos）和 Aeron 辦公椅。一開始大家都不喜歡他們，許多人都覺得黏糊糊的烤起司玉米片和神經兮兮的紐約情境喜劇讓人不舒服，直到他們習慣之後才改觀。

其實 Aeron 辦公椅就是一個很好的例子。多年來，企業的高階主管都是坐在大皮椅上。相比之下，Aeron 椅子單薄低調，而且還是網椅。因此即使 Aeron 椅比較舒適、靈活、透氣，目標族群還是拒用。看起來傻乎乎的椅子，上面還有很多網孔，危及主管的權力威信，讓他好像屬於外團體。

因此，Aeron 的是由外圍的人開始流行。「真正喜歡這種椅子的人是非常嬌小的女人，非常肥胖的人和老年人，」米勒解釋：「因為你可以迅速的起身和落座，因為你的皮膚能呼吸，也因為它們如此容易調整。」漸漸的，企業界的人也透過這些不那麼一般的椅子使用者接觸到 Aeron，這種椅子的威脅性逐漸變得不那麼大。

因此，儘管完全不受目標族群的青睞，Aeron 仍然成為舉世最暢銷的辦公椅。

Aeron 需要的不是一般的目標族群，而是觀點更極端的人。結果證明，體型非常大或非常小的人反而可以告訴你有關辦公椅的問題，而非權高位重的企業主管。

米勒說：「有這些極端需求的人往往最能清楚表達他們對所需事物的看法。」他們就像是站在問號山脈巨峰腳下朝上仰望的人。他們的極端觀點讓他們能在霧

中看得更遠。

米勒解釋，基於同樣的道理，如果你想要製造更好的防蚊液，與其求助於全是度假者的目標族群，不如和住在違建區的人談談。「有人曾告訴我，『有時候我得決定究竟是要買防蚊液，還是要買食物。我的孩子可以一天不吃飯，但卻不能一天沒有防蚊液，因為如果他們得了登革熱，可能會死亡。』那些人很樂意和你聊三個小時，告訴你市面上現有的防蚊液所有的問題。他們可以告訴你怎麼製作更好的防蚊液。」那才是你想要的團隊成員。

米勒把G公司的高階主管介紹給施虐從業者後，把麥克筆發給大家，然後要這些主管跪在焦點團體成員面前，在她們腳上的水泡上畫圈。

這教人很尷尬，但卻是米勒的重點。G公司停留在惰性區太久，他們的團隊需要推力。

米勒說，他們需要體驗水泡的極端角度。而除了穿著複雜扭曲的高跟鞋工作的人，以及腳部會被客戶密切檢視的人之外，誰還能更對水泡膠布的外觀和感覺有明確的意見？

高階主管明白了這一點，但目標族群還不只這些人而已。叫主管再度驚訝的是，一群特種部隊士兵闖了進來。米勒說，那是因為如果你問：「誰對水泡的關心會比醫護主管多十倍？」答案絕不會是「購物中心的顧客」，而是類似「必須每天穿著戰鬥靴跑步十哩穿越沙漠的人」。

米勒的策略——讓極端而非普通的人參與焦點團體，是獲得認知多樣性的聰明方法。如果我們回到問題山脈，那麼施虐從業者或特種部隊士兵是以下圖的方式來看水泡的問題。

這些人花在探索水泡山脈的時間比任何人都多，因此他們發展出獨特的觀點。他們可以看到水泡護墊製造商所看不到的最高山峰。為了面對這些大山，他們培養出啟發力，可以為G公司的產品設計師提供意見，讓他們找到前進的道路。

這些士兵依水泡形成的方式和形成時間的長短，說出所有水泡的種類及其嚴重程度，而施虐從業者

則說明她們會如何修整剪裁水泡護墊，配合她們鞋子的形狀和腳與踝的弧度，依然保持美觀。

G公司根據施虐從業者所展示水泡護墊的不同形狀和厚度，開發新系列的水泡護墊；他們也按照士兵告訴他們的資訊，按照水泡形成時間的長短和嚴重程度，製作新護墊。

後來也證明，「一般人」看到這些類型的水泡護墊時，他們也會購買更多的護墊。藉著「極端消費者」的認知多樣性，G公司也為一般消費者找到更好的解決方案。

他們的產品再度暢銷。

這個故事提醒我們一件該注意的重要事項。米勒原本可以先訪問施虐從業者和士兵，然後把他們的意見整理成報告，交給G公司。但他沒有這樣做，他讓高階主管跪下，伸出雙手，用麥克筆在別人腳上的水泡周圍畫圈。他的極端焦點團體練習關鍵，就是讓他的客戶親身體驗它們的戲劇效果。

那是因為有時候光是知道攀登的道路還不夠。有時我們需要被推入「狀態」，接受離開我們的巔峰的挑戰，讓我們別無選擇，只能撤退或前進。G公司之所以聘請米勒，有部分原因就是他們需要這位團隊成員把他們從舒適的椅子上推下來。

5

布萊克威爾島的精神療養院不只冷，而且奈莉很快就發現這裡實在很噁心。食物難以下嚥；硬梆梆的黑麵包上面有蟲，無法食用的奶油和腐爛的梅子。茶的味道像銅一樣。

護士粗暴蠻橫，看護嘲笑病人，打他們的耳光，掐他們的喉嚨。他們在病人面前總是在聊醫師的八卦，要不然就是「吐菸草汁」，或者咒罵病患。

到了晚上，奈莉和六名婦女一起被鎖在房間裡，其中一個整夜都在胡言亂語，在房間裡走來走去，其他幾個看起來神智很正常。

奈莉試著告訴醫師她並沒有瘋。可是她越努力，醫師就越認定她是瘋子。

「你們的醫師在這裡做什麼？」她問道。

「為了照顧病患，檢查他們是否理智。」惱怒的看護回答。

「很好，」奈莉說：「這個島上有十六名醫生，可是除了兩位以外，我從未見過他們關注病人。醫師怎麼可能僅僅只憑和一名婦女打招呼，卻不肯聽取她出院的請求，就判斷她的理智是否正常？就連病人都知道說什麼都沒用，因為答案是一切都是他們的想像。」

他們叫她閉嘴。

6

柏克萊加大的查蘭．尼米斯（Charlan Nemeth）博士研究的是人類影響的科學，說得清楚一點，她是研究少數人觀點怎麼影響其他人的專家。

通常一個團隊齊聚一堂做決定時，總是以多數人的意見為意見，可是尼米斯在一九七〇年代，卻對另一個問題產生興趣：和多數人意見相左的人對群體決策有什麼樣的影響——比如陪審團員在決定某人是否有罪時。

她做了一些實驗想找出結果。在一個實驗中，她召集以六人為一組的群體，一起完成類似拼圖之類的挑戰。這樣做的目的是要確定不論他們討論什麼，團隊中是否有「關鍵的少數」（hidden figure）。

她的發現教人驚訝。在特定挑戰中，整個團體都認為全隊沒有意見不同者，答案有時正確，有時不正確。但如果團體中有一兩個人總是和多數人的意見相左，這個團體最後正確的答案比較多。在團隊中有一個反對者，會讓團隊的其他成員更努力思考。

這應該會讓我們想到先前我們看到不同性別的警察時的情況。團隊中有不同觀點的人，會讓團隊的其他成員更嚴謹的思考。尼米斯博士發現的微妙之處在於，思考方式不同的人未必有讓整個團隊能更明智思考的正確答案，他只要有點難應付就夠了。

尼米斯的實驗也說明少數人的觀點——至少有一個人在口頭上表示不同意大家共同的觀點，就能讓群體「全方位」看問題。同時，群體成員非常相似，沒有異議者在其中的團隊，則會尋找「證實大多數人觀點」的資訊。換句話說，如果我們大家見解相同，我們就更容易看到證明我們觀點正確的事物。當我們意見不同時，我們較有可能看到我們錯過的事物。

尼米斯寫道：「少數人的反對意見會刺激各種思考過程，大體說來，這些過程會帶來更明智的決策、解決問題更好的方法，更具原創性。」

注意這裡的用詞。異議者「刺激」促成進步的思考過程，它們搖撼我們、驅策我們。它們對惰性團體的效果就像遊戲對無秩序團體的效果——讓我們進入「狀態」。我們可以稱這個過程為「**挑釁**」（provocation）。

挑釁者是迫使我們擺脫惰性的人，就像吉洛敦促畢卡索起床，或者像米勒讓G公司的高階主管由水泡護墊的舒適山峰中脫身。無論挑釁是來自我們的內團體或外團體，都會拉長橡皮筋。

二〇〇九年，一群研究人員向各大學招募一群兄弟會和姊妹會的成員做研究。眾所皆知，兄弟會和姊妹會很擅長培養群體的一致性，這是成立這種

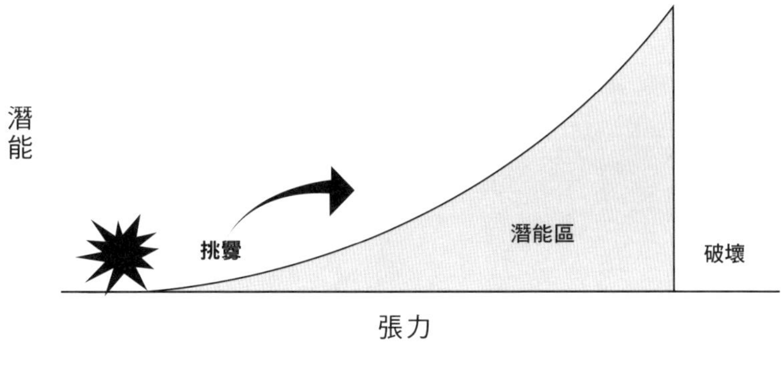

社團的用意。因此他們的成員是研究內團體和外團體互動實驗的理想候選人。在本例中，則可以看到讓一個緊密結合的內團體突破其群體迷思的是什麼。

首先，學生有二十分鐘的時間研究一件謀殺案，然後他們和自己的兄弟會或姊妹會同伴分成三人一組，共同決定兇手是誰。二十分鐘後，每個小組加入第四個成員，可能是來自他們自己的兄弟會或姊妹會，也可能來自不同的兄弟會或姊妹會。

研究人員發現，如果外人加入該團隊，團隊成員會感到不那麼自在，比較焦慮，對答案也不那麼自信。這也導致他們獲得正確答案的機會加倍。

局外人加入團體時，大家覺得工作變得比較困難，但這正是讓這些團體找到更佳解決方案的原因。

換句話說，挑釁者把我們趕下山峰。有時這只會讓人生變得更難應付，但有時它會讓我們發現前面有更高的山峰。

7

在奈莉被送到精神療養院之前，表維醫院的醫師給她貼上「本醫院歷來最特殊的案例」標籤。她之所以特殊，可能因為她只是假裝發瘋。「奈莉」實際上是二十三歲的伊麗莎白・珍・科克倫（Elizabeth Jane Cochran）。在社會大眾眼中，她是約瑟夫・普立茲（Joseph Pulitzer）所經營的《紐約世界》（*New York World*）記者奈莉・布萊（Nellie Bly）。

多年來，布萊克威爾島情況之惡劣，惡名昭彰，只是除了護士和病人之外，沒有人知道真相究竟如何，甚至連市府官員都一無所知，也沒有人願意花心思尋找照顧病人更好的方法。

在布萊克威爾島待了十天之後，奈莉已經收集很多第一手資料，足以作全方位的報導。普立茲把她從療養院裡救出來，並在《紐約世界》的版面上發表總共十七章的報導。

奈莉結論：「布萊克威爾島的瘋人院是人類的老鼠陷阱，進去容易，但只要進去，就無法離開。」

她透露，在布萊克威爾島的療養院裡約有一千六百名婦女，其中許多人並不瘋狂。例如有一名女子患了頭髮脫落的疾病，她之所以入院僅僅是因為她的外表不尋常；另一名只會講德語的婦女被關在那裡，是因為醫師無法與她溝通；還有一名婦女因為早餐時生病而被關進來；數百名女性則是因為與男性伴侶意見不合，而被關起來。

院裡的護士根本不合格「竟有人說病人的體溫達華氏一百五十度（攝氏六十五度）！」醫師在院裡打情罵俏，毫無專業。在奈莉揭發內幕之前，幾乎沒有人思考過布萊克威爾島或精神衛生系統的問題。

在社會大眾的眼裡，這個系統就是「成功」。

也因此奈莉的系列報導大大震撼紐約市政府。療養院的惡劣情況凸顯精神保健系統的各階段都需要經費和改革。奈莉的故事是一種調查報導——因她而成為先驅的做法。證明這個都市需要挑釁，才能以新的眼光來審視事物。這導致大陪審團的聽證會，之後紐約市發放一百萬美元，修復布萊克威爾島的療養院。不久之後，整個療養系統就被更人性化和有效的國家精神病院計畫所取代。

奈莉的報導見報時，布萊克威爾島的醫師都感到羞愧憤怒，但為時已晚。民眾和政府已被喚醒，無論他們是否願意，他們現在都會由新的角度看待心理健康。現在唯一合理的做法，就是尋找更好的山峰。

要是這件事由得了布萊克威爾作主，奈莉就會因為潛入療養院並且暴露內情而受懲罰。他們會責怪她，而非看到他們需要從她這裡看到什麼。幸好政府已經提供方法，允許像奈莉這樣的挑釁者以這種方式協助政府進步：美國憲法中新聞自由的權利。

在美國，新聞界常被稱為是「政府的第四部門」。開國先賢設立行政、司法和立法部門作為組成政府的團隊時，他們在「權利法案」第一修正案中，為新聞界設下明確的保護——因為他們知道新聞界是民主運作的重要隊友。

調查報導的目標，一言以蔽之，就是挑釁：「安慰受苦的人，折磨安逸的人。」它向我們展示我們看不到的觀點，讓我們可以擺脫惰性。像這樣的挑釁確實教人不自在，但這卻是美國共和政體在許多領域上打擊腐敗並邁向進步的重要元素，而其他自由國家卻辦不到。[56]

美國的創國元老有遠見以這種方式建立他們的團隊。我要說這就是我們構思該如何建立優秀團隊的方法。持續的進步取決於領導者能夠讓挑釁者安全的興風作浪，讓揭發者能夠安心的舉手發言，讓異議者在必要時暢所欲言。

挑釁促使陷入惰性的團體進入狀態，有助於我們拉長橡皮筋。這意味著挑釁或反駁我們的合作者反而是我們的盟友，和我們直覺的想法相反。正如尼米斯博士所說：「人們必須學會不僅要尊重和容忍異議，而且要『歡迎』它。」

有幾種方法可以做到這一點。我們可以「選角」，選擇可以能推動我們更努力思考或工作的人作為團隊成員，就像吉洛推動畢卡索，或者教練吉洪諾夫推動俄羅斯五虎將那樣。[57]我們也可以邀請有極端觀點的外人，向我們展示在那之後我們無法看不到的事情——就像米勒為G公司的高階主管所做的一樣[58]。我們可以讓異議者加入我們的行列，明確的告訴我們情況，就像美國開國先賢確立新聞自由一樣。[59]

一旦我們開始認為挑釁有助益，它就改變我們處理它的方式。[60]二〇一六年，美國國防部在這方面做了很好的榜樣。雖然五角大樓擁有舉世最嚴密的電腦安全，但它卻做許多組織作夢也想不到的事：它邀請一群駭客找出其系統的漏洞。

由抓漏洞公司 HackerOne 招募的駭客在十三分鐘內就找到了第一個安全漏洞。他們總共發現了一三八個漏洞。

國防部數位安全官員莉莎・韋斯威爾（Lisa Wiswell）說：「有些持懷疑態度的人認為駭客危險、幼稚，故意違法。」但這個例子卻證明，駭客並非如此，而且可能「非常有幫助」。藉著邀請挑釁者加入團隊，五角大樓才能打造更好的電腦系統。這個計畫也促使美國陸軍聘用 HackerOne 的駭客，採取同樣的做法。陸軍部長艾瑞克・范寧（Eric Fanning）在計畫啟動時告訴他們：「盡力而為」。

56 普立茲獎所獎勵的其中一項，就是引發變革的調查報導。自奈莉以來，新聞記者揭露了許多弊端，從水門事件到水汙染，槍枝走私到非法竊聽。而奈莉本人也成為史上最具影響力的記者和女權運動者。

57 在我的記者生涯中，這個角色經常是由編輯扮演，他總會說：「要把稿子改得更好。」或者「把稿子縮短一點。」在我當公司老闆時，這個角色通常是我的搭檔戴夫扮演，無論我提出什麼建議，他一定會說：「我不以為然。」或「為什麼？」

58 身為作家，我經常會請一個討厭書籍的朋友，和一位熟悉 Goodreads 讀書網站和 IMDB 電影資料庫網站的萬事通朋友檢查我正在進行的工作。

59 像我的工作，我喜歡定期請最愛批評我的人作嚴厲的批判，或者假想他們要如何破壞我的工作。這樣做得願意感受痛苦，但卻很有用。

60 面對挑釁的一個重要關鍵，是解析針對我們身分無用且往往不正確的籠統批評（例如：我很糟糕），和可以採取行動的批評（例如：我的發電機只發揮了十分之一）。

一九六三年三月「華盛頓遊行」（March on Washington）幕後的傳奇人權領袖貝亞德．魯斯丁（Bayard Rustin）曾說：「在每一個社區，我們都需要一群天使般的搗亂者。」他是對的。我們需要異議分子、線民、批評者和極端的觀點，讓我們擺脫惰性並進入狀態——而且我們也需要讓他們這樣做且能保持安全的領導人。

這就是在我們陷入困境時取得進步的方式。

但這個想法到底能走多遠？真正精神失常的人呢？如果包容不只是假裝瘋狂的人，團隊能從中獲益嗎？或者想法確實很瘋狂的人呢？

事實是我正要親眼看到這些結果。

第四道「夢幻團隊」的魔法

．挑釁者

挑釁者展示多數人看不到的觀點，讓我們可以擺脫惰性。他們的反對意見會刺激團隊的思考過程，這個過程會帶來更明智的決策、解決問題更好的方法——同時我們也需要讓他們能這樣做且保持人身安全的領導人。

第五章
黑色方塊

「他最好的朋友是隻聰明卻懶惰的狗，牠老是在派屈克的地毯上尿尿」

1

佛蒙特州威努斯基（Winooski）鎮的公務員馬克．提甘（Mark Tigan）接到美國總統來電勒令他住手時，正好三十二歲。

當時是一九七九年。在小鎮的都市計畫方面，提甘可說是神童。他是全美首批主修環境研究的大學生，畢業於聖荷西州大，以對社區計畫的熱情而知名。他甚至曾上過全美電視，華特．克朗凱特（Walter Cronkite）曾在新聞中報導他埋葬汽車以抗議碳排放。如今他擔任威努斯基城市計畫的主管，努力推動當地陷入困境的經濟。

威努斯基人口有七千人，是地圖上的一個小點。比起河對岸的鄰市伯靈頓（Burlington），小鎮顯得相形失色，美麗的伯靈頓以其最近推出的班和傑瑞（Ben & Jerry's）冰淇淋品牌聞名，這個鎮也並不大。伯靈頓是美國所有州中最小的城市，卻是該佛蒙特州最大的城市。

無論如何，威努斯基沒沒無聞，直到提甘和他的員工酒醉那晚之後。

威努斯基很冷，氣溫經常在零下六度。它的市區只有幾家酒吧和一家名為「威努斯基餐廳」的餐館。這些店旁邊則是新英格蘭自豪的工業時代褪色後所留下來的幾家廢棄磨坊和工廠。

當時外面的世界正面臨著他們自己的工業危機。伊朗正在鬧革命，沙阿（shah，伊朗國王）已經流亡海外，大規模的抗議和罷工使其煉油廠的產量大減。全球油價在不到一年的時間內漲了一倍。美國加油站大排長龍。威努斯基暖氣的成本已經上漲到一年四百萬美元——相當於當今幣值的一四二〇萬美元。據估計，三口之家當時每個月的暖氣花費相當於現今逾五百美元。

伯靈頓才剛要求政府撥款，沿河興建水力發電廠以降低該市的暖氣費用。然而，這個計畫會讓威努斯基的溪流乾涸，「基本上毀了我們的市中心。」提甘告訴我。當時威努斯基的失業率已經很高，商業景氣不振，很可能會因此而一蹶不振。

就在這場混亂中，提甘帶著他的員工去喝酒聊天。這個城市計畫辦公室該怎麼出手幫助這個掙扎的城鎮？他們灌了一瓶酒，接著又灌了一瓶。

有人在抱怨氣溫太低，有人提到他們希望能為威努斯基「蓋上蓋子」保住熱度。那時提甘想到了一個畢生難得一見的餿主意。

「如果我們在我們鎮上搭個圓頂怎麼樣？」

那時大家都醉醺醺的，他們一致認為這是個好計畫。

一週後，提甘前往華府洽公，中途在巴爾的摩過夜。他在那裡把圓頂的點子告訴一個擔任國會與聯邦住房與城市發展部（Department of Housing and Urban Development，簡稱住城部）之間聯絡人的好友。這位好友說：「你知道，助理部長鮑伯．安布瑞（Bob Embry）喜愛圓頂。」圓頂屋在一九六〇和七〇年代曾流行過一陣，因為他們節省能源，且結構完整。雖然圓頂看起來滑稽，但保暖性確實比長方形的房屋好，而且不容易被地震震垮。只是在此時，圓頂熱已經隨著手工紮染（tie-dye）和寵物石頭（Pet Rocks，把石頭當成寵物養）一起褪流行了，只剩一些死忠分子，安布瑞顯然是其中之一。

也是機緣湊巧，提甘的朋友次日要和安布瑞及另外兩位住城部的員工一起共乘到華府，他說：「我打電話取消訂位，讓你代替我。」

在共乘的路上，提甘向安布瑞推銷把威努斯基置於透明大圓頂下以節省石油成本的點子。他們可以用氣鎖（air locks）讓汽車進入——就像太空站一樣，大幅降低暖氣費用。原本酷寒的小鎮未來會暖和到全年都可以種植蕃茄。

安布瑞是這個點子最佳的聽眾人選。據提甘說，他由前座轉過身來說：「只要你提出這個建議，我就撥經費。我有可以自行支配的資金。」

提甘把這個消息告訴了他的員工，他們大吃一驚，非常熱切的提出報告和提案。

威努斯基的市長問：「你瘋了嗎？」但經提甘解釋，住城部可能會補助數百萬美元，於是市議會簽了字。

媒體立刻大肆報導圓頂的消息，伯靈頓報紙報導議會開會的新聞。次日，三輛電視轉播車出現在威努斯基市政廳。接著全國性的報紙跟進，《時代》雜誌也要求採訪。

對於不可避免的問題，佛蒙特也沒有答案。談到具體細節，他們只好臨機應變。「它會有多高？」「呃……二五〇呎！」「汽車排放的廢氣要怎麼處理？」「我們在圓頂裡面會用電動車或單軌列車！」

各地的圓頂怪咖寄來一袋又一袋郵件。國際圓頂研討會訂在威努斯基舉行，由著名的瘋狂發明家巴克敏斯特．富勒（R. Buckminster Fuller）發表主題演講。

從沒有人建過這麼大的圓頂。沒人知道該用什麼材質。它需要巨大的支柱嗎？小鎮是否要像氣球那樣加壓，舉起圓頂？如果圓頂消了氣，會不會墜落在每個人的身上？這個城鎮該如何證明它可以吞併城牆周圍所需的土地？

大家很快就發現，要建造和維護足以容納威努斯基的圓頂，能夠保持熱度而不會傷害圓頂下的人，花費可能比暖氣費還高得多。此外，它還會破壞景觀。

全國性的報紙批評圓頂是餿主意。大衛．賴特曼（David Letterman）在節目中嘲笑它。甚至還有一首取笑它的歌曲〈威努斯基的圓頂〉：

威努斯基的圓頂
離湖不遠
透明而持久
是真而非假。
威努斯基的圓頂

既美又真

有沒有人問你

你到底在搞啥？

威努斯基餐廳的老闆漢克．泰特羅特（Hank Tetreault）向《基督教科學箴言報》表示：「研究經費可以讓人有工作，說不定他會在這裡用餐。」

威努斯基圓頂很快就成沙烏地阿拉伯的頭條新聞。有些中東人惴惴不安，擔心美國會為許多城市蓋圓頂，好對抗石油業者。

就在此時，住城部助理部長安布瑞的電話響了。

「你到底在搞啥？」

來電的是卡特總統，他正在和雷根競選下一任總統，選戰打得很辛苦，而當時國際嘲笑美國政府竟花數百萬美元為佛蒙特的小鎮興建圓頂，對選戰不利。提甘說，這段對話結束時，總統下令：「你得給我住手。」

2

我們已用半本書的篇幅談認知多樣性的力量。上一章我們也討論了挑釁、異議觀點和「天使般的搗亂者」為何會是讓團隊再次批判思考的元素。但威努斯基圓頂的故事提醒我們一個重要的現實：老實說，有些「不同」的觀點其實很糟糕。

我們的朋友佩吉博士先前已指出：「大家共同擁有的觀點越多，一起突破的機會就越大。」但他又說，「光是因為有人觀點不同，並不表示它就會帶來更好的解決方案。」任何觀點——甚至看似瘋狂的觀點，在適當的情況下都有可能發揮作用。但這並不意味著它一定會。因此我們在本章要探討的問題是：一個團隊或領導人怎麼分辨何時該認真考慮不同的思考方式，何時卻知道它是浪費時間？

畢竟，用大圓頂覆蓋的城市在某個地方可能是個好點子，只是偏巧那個地方是火星。[61]

年輕的行動者灌了幾杯老酒之後的觀點，很不幸的並不能讓酷寒的威努斯基克服保

61 而且眾說紛紜，大家還是不知道這是不是好主意。

暖的問題，也無法為它的河流戰鬥。三十二歲的生態戰士提甘的認知多樣性未免太脫離現實，沒有任何用處。

可是，真的沒用處嗎？

3

在莫斯科的大街小巷走了一個多小時之後，我終於擺脫了讓人沮喪的三月毛毛細雨，踏進入龐大的特列季亞科夫美術館（Tretyakov Gallery），這是舉世上最大的藝術博物館之一。

我站在一個穹頂的房間裡，看著另一個更愚蠢的點子。這玩意兒可能比提甘的圓頂更昂貴，雖然它的體積小得多。

身為創意產業的一員，我相信藝術傳達意義和想法的力量，我也可以理解我們所創造的一些事物純是為了美的緣故，但就連我也不得不承認，某些藝術品很難找到讚詞。一個典型的例子：我剛跨過整個莫斯科來欣賞的這幅 79.5 公分見方的畫作。

對這幅特殊的畫作，我的問題在於：它不知道為什麼成了藝評家的最愛，但同時，一般人似乎認為它很荒唐。甚至連我在紐約幾個拿了美術學位的朋友，對它也無話可說，只能說它「有名」和「老」。

另一方面，如泰特現代美術館菲利浦・蕭（Phillip Shaw）等學者則這麼說：「看這幅畫的經驗包含因表現的崩解所造成的痛苦感受，接著是一股強烈的解脫感，甚至教人興高采烈，因為無形或廣大可以被當作理性模式掌握。」

「紐約客」（New Yorker）作家彼得・謝爾達（Peter Schjeldahl）稱這位畫家的筆觸「甜蜜得難以言喻」。他說藝術往往是出於「莊嚴的戰慄」，這話並無諷刺意味。

然而，網友卻批評說，「我在幼稚園就能畫成這樣。」這幅畫掀起的論戰讓我十分困惑，因此我大費周章取得俄國簽證，前來查看。為了敞開胸懷，我想親眼看看這幅畫也許能助我理解它。

因此，我不顧寒冬、歷經入關的麻煩，並冒著將來可能獲得川普總統邀請加入內閣之險（這個笑話有朝一日必會過期！），進行調查。

特列季亞科夫美術館由幾座建築組成，共有數千幅畫作。有些風景和靜物逼真到讓我誤以為它們是照片的地步。館內船隻、動物和歷史人物的油畫都是俄羅斯畫家所繪。

一個熊家族在樹林裡玩耍，馬背上的騎士，戰死的騎士，還有上百幅上有華麗金箔的文藝復興時期耶穌畫作。甚至有一幅佩戴白色胸花的男子畫像，長得很像是俄羅斯版的約翰．古德曼（John Goodman），掛在一幅很像是俄羅斯版的查克．葛里芬納奇（Zach Galifianakis，《醉後大丈夫》）的俄羅斯男子畫像旁，後者穿著背心，躺在紅白條紋懶骨頭上。

在四號建築的某處，我轉過一個角落，它就在那裡，在巨大如洞穴房間的中央。

我在它前面坐了一個小時。

在細看它的同時，我也注意到了一些事。大部分走進美術館的遊客都對這幅畫視而不見。一對手牽手的老夫婦在它面前猶豫了一下，然後繼續向前走。兩個年輕情侶在展廳裡其他每一幅畫前面互相拍照，但卻跳過這一幅。一位大腹便便的紳士由它前面直穿而過，走向幾幅年輕女性的肖像。

顯然，當天的遊客對俄羅斯最聲名狼藉的這幅畫既不戰慄，也沒有欣喜。

或許那是因為這幅畫只是一個很大的黑色方塊。

就這樣而已。

說真的。一個黑色方塊，其他什麼也沒有。你知道，光就用黑色顏料，畫在方塊上。

坦白說，它甚至也沒多大，就像那些老電視機，畫面十五吋，周圍的木箱子二十六吋。

我用手機錄影，拍到一個穿著藍綠色上衣的黑髮少女，她注視畫作的標題名牌，上面寫著——「黑色方塊」。她扮了個鬼臉，意思是「什麼玩意兒？」然後轉身去看更有趣的畫作，也就是所有其他的畫。

她的反應更簡單的說明菲利浦·蕭另一段教人驚訝的評論：「黑色方塊未能代表這個超越的領域，意味著『無從』展現出『更高』的理性能力，獨立於自然之外的能力。」

換句話說，黑色方塊的重點，就是什麼也不是。

在前往莫斯科的途中，我在倫敦皇家藝術學院買了一本關於黑色方塊的書——書名倒是勢利得很恰當，《披露的高潮》（*The Climax of Disclosure*），我希望能在書中為這幅什麼也沒有的畫找到某種解釋。也就在此時，我認定它的創作者卡西米爾·馬列維奇（Kazimir Malevich）必然是瘋了。

馬列維奇一八七八年在烏克蘭出生，家貧，他後來赴莫斯科，希望以藝術家的身分闖出名堂。在嘗試過印象派之後，他開始畫無臉的人，對此產生奇特的狂熱。

「我們所謂的現實是無限的，沒有重量、尺寸、時間或空間、絕對或相對，從沒有被描繪成一個形體，」他在一九二〇年左右寫道：「它既不能被表現，也不能被理解。」一年一年過去，他的說法變得更加奇異和詳細。下面是另一個例子：

「刺激是一種宇宙的火焰，生活在非客觀的事物中：惟有在思想的頭腦中它才會在無法估量的真實概念中變得冷靜；而思想，在刺激行動的某程度上，火焰中溫度最高的部分，越來越深入無限之境，創造它通往宇宙的道路世界。」

現實並不真實。宇宙火焰刺激宇宙。我懂了。

馬列維奇最後想推動名為「至上主義」（suprematism，或譯為絕對主義）的精神藝術運動。其主旨是找出「繪畫的零點」。藝術光譜的最邊緣，在那之後，沒有其他事物存在。

《黑色方塊》是他的傑作。他聲稱這畫是藝術的終點，任何人如果繼續向前，就會由懸崖上墜落下來，如古早的世界地圖所畫的那樣。[62]再沒有其他藝術作品比《黑色方塊》把「無」的觀念描繪得更好。

《紐約客》作家塔狄安娜．托斯泰雅（Tatyana Tolstaya）稱這是「藝術品存在史上最駭人的事件。」

但這畫並不駭人。它是四邊形。

如果藝術品的目的是盡可能美麗，那麼我剛剛發現這座山脈非常低的低點；如果藝術品的目的是傳達思想，那麼《黑色方塊》就是我絞盡腦汁所能想到的最奇異的觀點。它已經超出範圍。對擁有一般藝術觀點的一般人而言，馬列維奇作品的山脈圖可能如下圖。

當然，有些藝術品比任何事物更有激發力；它鼓勵我們做大事。畢竟，正是亞歷山大大帝的雕像激勵了凱撒，讓他提升了自己的抱負。

但黑色方塊對我卻沒有這樣的影響力。為什麼會有人會對它肅然起敬？

而且，此時你可能會自問，像馬列維奇這樣的人和我們對夢幻團隊的探索有什麼相干？

62 就像中世紀歐洲地圖上所繪的「此處有龍」危險之境！

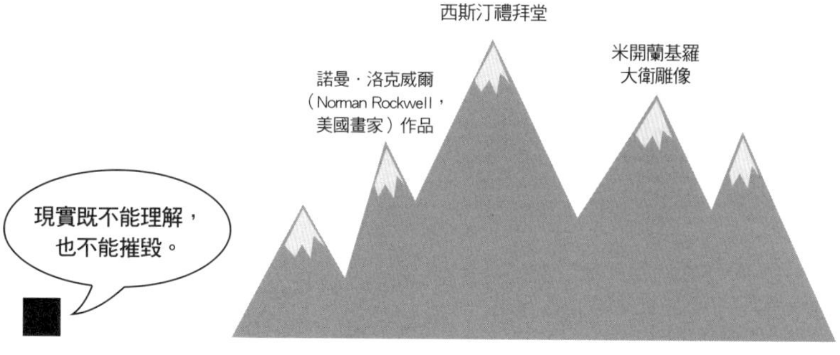

4

我又回到特列季亞科夫美術館，再次欣賞《黑色方塊》。沒有用。《黑色方塊》仍然是一個黑色方塊。

但在看到幾個人無視它的存在之後，終於有個龐克搖滾髮型的大學生神采奕奕的走上前來，拍一張它的照片。

「你喜歡嗎？」我問她。

「當然！」她用濃重的俄羅斯口音回答道。

「你是我所見第一個對這幅畫感興趣的人。」我告訴她。

她微笑說：「那是因為我知道它的故事。」

5

過去，我們用逼真與否來判斷視覺藝術的好壞。藝術的目的是描繪現實——就像當時還沒有發明的相機和印表機一樣捕捉它。藝術家受國王和富有的顧客委託，運用可以取得的任何材料，製作美麗物品的繪畫和雕塑。

即使科技發展，這樣的想法依舊存在。如果石版畫家和印刷師傅的作品看起來逼真，大家就認為是好作品。雖然有些藝術家最後開始探索現實的扭曲——如畢加索那樣扭曲生物以強調某個或另一個特點，但都是以其描繪現實和美的能力來判斷它們的高下。

然而，到某一點，我們對視覺藝術價值的看法起了變化。一九二〇年代，德國的包浩斯（the Bauhaus）學校因對我們如今稱為「平面設計」（graphic design）的開創性影響而聞名，而這也影響由廣告到我們口袋裡手機的應用程式等一切。平面設計不僅僅是描繪，它是「視覺溝通」。它已經成為一種藝術語言，協助我們傳達訊息，並且以用文字辦不到的方式說服人們。[63]沒有平面設計，我們就不會有網站、電影海報，或《探險活寶》（*Adventure Time*）卡通的GIF動態圖片了。

許多現代網站用戶、電影觀眾和《探險活寶》芬恩（阿寶）和傑克（老皮）的粉

63 一如麻省理工學院著名的平面設計師賈桂琳·凱西（Jacqueline Casey）所說：「我的工作就是用引人注目令人費解的圖像讓人駐足，並誘使觀眾閱讀訊息。」

絲都不知道，協助創造這種新藝術語言的學校起源於共產黨。

在包浩斯成立前兩年，列寧和布爾什維克推翻俄羅斯政府。他們是少數群體，為了要保住權力，他們得以他們的思考方式說服俄羅斯的群眾，因此他們做了一件聰明的事：他們聘請當地藝術家製作激動人心、有影響力的宣傳海報，要傳播到俄國各城市。

這些藝術家中，許多人恰好都屬於一個叫做建構主義者（constructivists）的新群體。他們喜愛大膽的形狀和顏色——主要是黑色和紅色，以及象徵主義，而非逼真的肖像。他們有許多作品看起來就像是剪下來的圖畫紙的疊在一起。

比如說，頂尖的宣傳藝術家拉札．「埃爾」．利西茲基（Lazar "El" Lissitzky）創作一幅建構主義海報，用一個大的紅色三角形突破一個白色的圓圈，題為「以紅楔打擊白匪」（Beat the Whites with the Red Wedge），象徵社會主義擊敗反共產主義者。列寧的信徒到處傳播這種作品。這雖不是人們習慣的「藝術」，但它強烈傳達布爾什維克的訊息。

利西茲基在那個時代，對藝術有與眾不同的看法：他認為它可以作為訊息的媒介。這意味著藝術可以脫離現實，而依然有價值，甚至比光是漂亮的畫面更有價值。利西茲基解釋說：「這個空間必須是個櫥窗，是個舞台，在這個舞台上，圖畫就像戲劇（或喜劇）中的演員一樣出現，它不該模仿生活空間。」

以建構主義者為主所做的藝術宣傳活動極為有效。儘管共產主義最初只有少數人支持，但它卻因這樣的宣傳而得以站穩腳步。只是在它發揮效果之後，俄國的領導階層看出藝術家及其說服力會威脅他們的控制權，因此開始箝制藝術界。利西茲基有許多同行都逃往歐洲。

「藝術家因為史達林而投奔西方世界，」特列季亞科夫美術館的策展人（curator）向我解釋。俄國藝術對包浩斯等地已有深遠的影響，但在共產主義獲勝後，史達林開始鏟除不喜歡的藝術，[64]她說：「俄羅斯前衛成了歐洲藝術文化。」

顯然，很多事物影響平面設計的歷史。但我們可以粗略的說，現代平面設計來自包浩斯，而包浩斯又是受由利西茲基所開創的俄羅斯建構主義影響。

為什麼這很重要？因為利西茲基是馬列維奇的高足。

64 有趣的是，史達林後來卻禁止在列寧治下協助共產主義說服大眾的平面藝術品。所以馬列維奇就像傳統的俄國畫家一樣，回去畫寫實的畫作，只是他還是增添一點顛覆的意味。在他的自畫像一角，你可以找到一個小小的黑色方塊。

儘管馬列維奇對「藝術零點」的性靈追求讓他創造一些不太漂亮的畫作，但卻為利西茲基這樣的人開啟了大門，讓他們以新方式運用藝術。一如特列季亞科夫美術館的解釋：「至上主義讓繪畫徹底擺脫描繪的功能。」利西茲基穿過這扇門，做出教人興奮的事。

在大多數人眼裡，黑色方塊本身就僅僅是黑色方塊而已，但在那個關於無的方塊和舉世其他地方所稱的藝術之間，我們卻發現從沒有人看過的山峰。

換句話說，黑色方塊畢竟還是有用。它擴大了藝術世界各種可能的範疇。

黑色方塊的故事告訴我們一些關於認知多樣性有悖常理的東西。它告訴我們，有時壞的想法可能有用，因為壞點子

可以為我們指出新的發展方向。

對此的科學術語是「允許錯誤的啟發力」。就如我們的朋友佩吉所解釋的，這個想法就是「有時候較低價值的新解決方案可以指向更好的解決方式。」

這話很重要，值得再說一次。**有時候較低價值的新解決方案可以指向更好的解決方式**。

這個想法有一個同樣重要的微妙之處，你會在我們談到挑釁者的章節中看到這一點。先前我們已發現某些合作者能夠在我們被困住之時，迫使我們進入狀態。黑色方塊並沒有完全做到這一點。沒有人因為馬列維奇邊緣的至上主義，激起採取有意義的行動。很多人不喜歡它，但黑色方塊並沒有強迫任何人。

相反的，在有人心甘情願的注意到馬克維奇的瘋狂想法時，才出現新的可能，並且有了進步。

看出其中的差別了嗎？挑釁刺激我們採取行動；它向我們展示我們看不見的事物。我們可以把利西茲基和馬列維奇所發生的事情稱為「認知擴張」（cognitive expansion）。在我們超越我們正常的框架，並決定在過程中考慮新的觀點和啟發力時，它就會發生。在我們好奇的時候，它就會發生。

在本質上，當我們的團隊納入認知多樣化的人，並且關注他們時，認知擴展就會發生。事實證明，我們的觀點越不同，我們之間的山脈就越有趣味的潛力。

我們可以說馬列維奇是創造平面設計「團隊」的重要成員，即使他的想法古怪，並且也不太有用。利西茲基很好奇，因此認真探索馬列維奇的思想，而這使得一切都有所不同。有些人一定認為塔拉索夫教練讓年輕的冰球隊員學習舞蹈和空手道動作是不按牌理出牌，或許他是，但紅軍因此而發明一種玩這個遊戲的新方式。他在自己的團隊中培養出好奇的文化——每個人都環顧整個世界，尋找可以幫助他們打冰球的事物。

「好奇心可說是某種情況呈現在你面前，但它並沒有任何意義。」山下．凱斯說。好奇心的定義就是探索可能沒用事物的意願。大家認為好奇心是一種優點，因為這種探索行為往往有用。

比利時魯汶（Leuven）大學的一系列研究，向我們證明這樣的想法可以延伸到多遠。

比利時研究人員組織幾次腦力激盪（brainstorming）會議，每一次都有八人參與。與會者一起坐在房間裡，要提出關於手機遊戲或行動支付APP軟體的點子。接著主席引導他們進行腦力激盪，要他們把點子寫下來、討論，並盡可能提出最多的點子。然後做了一點變化：研究人員在不同的會議上添加各種「啟發性的材料」，推動發展的過程。有的啟發很直接，比如配合APP使用的預付信用卡。研究人員以這個想法為例，然後要求小組成員提出更多的點子。但也有時候，研究人員向小組提出壞的點子，比如：若你在行動支付APP上花的錢過多，你手上戴的手鐲就會傷害你。任何公司都不會同意這樣的點子——法庭上就更不用說了。

有時候，研究人員會在小組的練習中安插古怪的人物。比如，一個沒什麼前途的演員派屈克，他的妻子和孩子都棄他而去。研究人員說：「他最好的朋友是隻聰明但懶惰的狗，牠老是在派屈克的地毯上尿尿。派屈克目前兼差當私家偵探，把收入拿來買廉價雪茄和白蘭地。」

教人驚訝的地方就在這裡。還記得我們先前提到，腦力激盪小組幾乎總提一些比個別成員所提更糟糕的想法嗎？這個比利時研究中的腦力激盪小組要給一些不好的點子，比如傷人的手鐲，或者像派屈克這樣瘋狂的「合作者」，但他們提出了比不論是在一起或個人單獨都好的點子。

就像《黑色方塊》一樣，糟糕的想法指引他們，讓他們考慮先前原本不會考慮的想法。

在上面的挑釁章節中，我們提到尼米斯博士的研究，異議分子能協助團隊更努力的一起思考問題。如果團體的想法有直接的衝突，那麼大家多多少少都不得不以更批判的態度思考，正視他們的問題。

但她的研究不止於此。在各種研究中，她已經證明在一個群組的討論過程中加入明顯差勁的想法和觀點，往往也能引出更好的想法。她寫道：「少數人觀點的益處並不在於少數地位的『真實』。」

馬列維奇的精神至上主義是否真實其實無關緊要，只要思考的過程引導我們發明平面設計領域就好。

有派屈克加入的這個比利時研究能夠運作得如此良好，另一個關鍵因素與組織沉默有關。我們經常有意無意會壓抑腦海中的一些想法，因為它們超出我們認為正常的範圍。然而，在腦力激盪時加入餿主意，會提高我們打破沉默的機率，讓我們勇於表達原本不敢表達的想法，因為已有人表達更離譜的事物。[65]

這應該讓我們回想到先前我們所談的女警觀點。我們看到了一個不屬於多數警察的觀點——在全警隊成員都是男性的情況下，非男性[66]警察的觀點。這對於長久以來一直以相同方式解決問題的團體往往會有用。尼米斯博士的研究證明，即使少數人的觀點是錯誤的，只要這個團隊願意關注，那麼這些觀點仍然可以幫助團隊找出更好的想法。

事實證明，如果所有的新聞轉播車能夠在威努斯基附近再待久一點，就會學到這樣的教訓。

6

在卡特總統下令中止提甘的圓頂之後，舉世對威努斯基就不再聞問。新聞記者開車回家。世界各地圓頂愛好者也不再寄來信件。第一屆國際圓頂研討會成了最後一屆國際圓頂研討會。威努斯基圓頂僅剩下的，唯有偶爾出現在雜誌的報導，

65 西北大學教授李・湯普森（Leigh Thompson）也做過研究，鼓勵參與腦力激盪的人在提出點子之前，先分享自己的尷尬故事，結果也得出類似的結論。她寫道：「我們發現分享『尷尬』故事的團隊，提出範疇比其他團隊多15%、數量多26%的故事。」她說，坦誠分享發生在你身上的離譜故事，「會帶來更大的創造力」。

66 雖然研究顯示，如年齡和性取向等其他因素也會有類似的效果。

或是部落格的文章中：「還記得那些瘋狂的佛蒙特人想建造那個瘋狂的圓頂嗎？」

但如果我們深入一點挖掘，就會發現更瘋狂的事物：

那個從未建造的圓頂卻拯救了威努斯基。

當住城部助理部長安布瑞打電話給提甘，把圓頂的壞消息通知他時，他提出另一個提議。

「我們不能撥款補助圓頂，」安布瑞告訴他，但他知道伯靈頓要在河上建水力發電廠的提案，如果他撥聯邦經費給威努斯基，讓他們在河流的另一處建造了可為該地區供電的水力發電廠，而不必破壞威努斯基的市中心，這樣如何？

對圓頂的熱情——發明者和政壇人物飛來當地討論它，讓全鎮及其支持者都感到激動，其中的關鍵人物是安布瑞。提甘說：「這說明我們願意嘗試跳出傳統的思維框架。」提甘藉著他的圓頂，遠在問題山的正常解決方案範圍之外面對威努斯基的挑戰。他的位置離正常範圍太遠，因此在人們朝他的方向考慮之時——在他們考慮他那離譜的計畫之際，就更容易考慮隱藏在霧中的其他山峰，從下游的水力發電廠到其他各種計畫。圓頂已經引發他們的好奇心。

「也許這不是圓頂的願景，但它是可以修復工廠的願景，是我們可以填滿工業園區的願景。」提甘說。以前被忽視的想法不再那麼容易受到忽視：「突然間，我們就像乘雪橇滑下坡。」

他們興建水力發電廠，讓威努斯基得以節省暖氣費，而不致破壞市中心，或與伯靈頓對戰。他們用了住城部的部分撥款，把舊工廠改造成節能辦公空間，吸引當地的企業。提甘帶了整個巴士的人到蒙特婁，告訴那裡的小企業，新的威努斯基是多麼偉大和平價，說服幾家小企業在那裡開店。

儘管圓頂是相當極端——我們甚至可能會說是很糟的想法，但最後它畢竟還是派上用場。威努斯基及其支持者（如住城部）因為考慮這樣激進的想法，而能敞開胸襟考慮更多原本不會考慮的可行解決方案，來解決其問題。

在接下來的幾年裡，威努斯基的失業率由15％降為7％。

而提甘於一九八二年前往聖塔莫尼卡展開下一份工作時，威努斯基以他的名字為一條街道命名。

據說有人問愛因斯坦，他與一般人有什麼差別？他答道，一般人在乾草堆裡找縫衣針時，只要找到一根針就會停手，但他會繼續搜尋整個乾草堆，找出可能有的所有針頭。

表面上這似乎是浪費時間，為什麼有人會這麼做？可是，隨著愛因斯坦在物理的問題山脈中不斷上下前進，他才能找到各種角度的組合，為我們帶來開創性的相對論——及其他理論。

即使偉大的觀點就在我們面前，我們也往往難以辨識，因為天才和精神失常看來十分相似。就像一堆歌手都在努力爭取唱片公司的注意，結果他們拒絕披頭四。電話、收音機、汽車和電視當初都被投資金主當成愚蠢的想法。現代許多最成功的公司——由蘋果到Airbnb，剛開始的時候都像是餿主意。

這讓我們回到本章開頭的問題：我們該怎麼區分有用的認知多樣性和無用的點子，而不致不小心排除愛因斯坦、披頭四，以及其他讓我們改善的其他聲音？

而正如我們所學到的，這是個錯誤的問題！我們得到的教訓就是，夢幻團隊不會想要找出該排除哪些觀點。他們明白如果他們要獲得最大的進步，就不能忽視任何角度，無論這些角度多麼奇特。

提甘仍然喜歡激進的點子。他這一生的事業就是用這些點子讓腦袋僵化的市議員解除他們思想的桎梏。

前蘇聯國家冰球隊隊長瓦西里耶夫打破球場上許多界限，比如毆打對手，故意被驅逐離場[67]——提甘也像他一樣，在自己的專業「規則」或慣例邊緣發揮，而這讓他擴大合作團隊的可能性。

在提甘的幫助下，威努斯基最後獲得當時全美各城鎮人均第二高的聯邦經費。隨後提甘赴加州聖塔莫尼卡重新開發濱水區，興建著名的購物中心。最後他成為美國最成功的社區規劃者之一，住城部聘請他為該部寫經濟發展的書。

我打電話給他時，他已快要七十歲，正在麻州的大學任教。他告訴我，他仍然相信他的圓頂能在威努斯基發揮作用，但他說，更重要的是他們思考過這個點子。此後這成為他的哲學。他說：「錯誤難免，我們總會走進錯誤的小巷，但我有勇氣有決心，如果我們的團隊也一樣，那麼我們就能夠有所成。」

67 《華爾街日報》主編山姆·華克在《隊長班》（*The Captain Class*）一書中提出了有力的證據，顯示有史以來最偉大的運動隊伍都有個習慣推動規則和慣例到極致的隊長。由一九八○和九○年代初球風強悍野蠻的底特律活塞隊「壞孩子」，到一九九○年代古巴的奧運會女排隊，最好的體育王朝都有徒步到問題山脈邊緣的團隊成員。

如黑色方塊或威努斯基圓頂這些看似糟糕的想法，未必能帶我們走向有用的事物。但馬列維奇和提甘讓我們了解認真思索正常標準之外的觀點多麼重要，那就是一般團隊之所以變成夢幻團隊的原因。

現在的問題是，我們首先該如何讓像他們或任何這樣的外卡加入我們的團隊？

第五道「夢幻團隊」的魔法

・餿主意

在腦力激盪時加入餿主意，因為已有人表達更離譜的事物，會提高我們打破沉默的機率，讓我們勇於表達原本不敢表達的想法。有時候較低價值的新解決方案會指向更好的解決方式。

第六章

歡迎來到海盜天地

「我們和卡車拔河獲勝！」

1

安德魯．傑克森（Andrew Jackson）將軍才剛從最新的大屠殺歸來，就接獲命令，要率領由海盜、妓女、喬克托族（Choctaws，美洲原住民之一族）和黑人湊成的軍隊，拯救美國免遭毀滅。

寫到這句話真叫我熱血沸騰。但還是讓我們先補充一下背景。

當時喬治．華盛頓辭去美國第一任總統職位已經十多年了，這個新的國家正在邁步向前，收容移民，朝西部吞併土地。戰爭的傷口正在癒合，工廠也開始林立。國家正在成形。

大約就在此時，英國國王喬治三世及其子喬治四世決定要取回這些年來因戰爭而蒙受的損失。英國軍艦突然在美國海岸附近出現，並開始騷擾美國船隻，用武力奪取貨物，強迫徵召水手加入英國海軍。

為了報復，湯瑪斯·傑佛遜（Thomas Jefferson）總統決定禁止所有進出美國的商品。

這立刻使經濟受到重創。北方各州嚇壞了，威脅要脫離美國。南方各州的棉花和菸草在碼頭上腐爛。人民開始挨餓。英國則不受影響。

一如史學家溫斯頓·葛魯姆（Winston Groom）所言：「要是有『愚蠢而短視的法律』，那麼這個計畫恐怕迄今仍然會名列前茅。」[68]為了省錢，傑佛遜隨後縮編軍隊。當英國人煽動美洲印地安人嚴重破壞邊境城鎮，而且英國軍艦繼續劫持美國船隻時，證明傑佛遜的作法很糟糕。

接著詹姆斯·麥迪遜（James Madison）擔任總統，國會向英國宣戰。但此舉也產生反效果。喬治王入侵華府，燒毀白宮，掠奪由維吉尼亞到馬里蘭州的城市。北方各州驚慌失措，主戰和反戰派開始內訌，民主共和黨人燒了聯邦黨人的報紙，類似的事件層出不窮。

英國人明白這樣的混亂是他們的大好機會，憑藉他們堅強的武力，可以奪回美國，讓它重新成為英國殖民地。

美國東岸已成廢墟，英國人只要前往加勒比海，沿密西西比河北上，就像一位船長說的：「把美國人推進大西洋。」就得了。美國背腹受敵，只能投降，或者投票重新加入大不列顛。

這項計畫唯一的阻礙，是路易斯安那州一個繁榮而喧鬧的港口——紐奧良。

這是剛從拿破崙手中買來的城市（路易斯安那購地案），紐奧良是通往密西西比河的門戶，也是移民和酒色的天堂。這裡有克里奧人（Creoles，在當地出生的西班牙或法國人後裔）、拓荒者、非裔自由人，以及來自世界各地的新移民。

68 傑佛遜為何能在史上留下這麼好的名聲，只能從他擔任總統之前，在美國革命時的成就來解釋。也或者是因為比起他的副總統亞倫·伯爾（Aaron Burr）比較高明。伯爾當年在決鬥時殺死開國元勳漢密爾頓，而大約也在此時謀畫竊據土地，把西班牙人趕出墨西哥，讓自己統治一個新國家。

雖然美國其他地區因進口禁令而挨餓，但紐奧良卻依舊歌舞昇平。這大部分得要歸功於幾位當地英雄：海盜兄弟尚和皮耶．拉菲特（Jean and Pierre Laffite）。

尚身高一八〇公分，黑髮、性感。他可不像現代漫畫中木頭假腿帶著鸚鵡中的海盜，而是西語、英語和義大利流利，打扮時髦的男子（當然還有迷人的法國口音）。尚不肯用「海盜」這個詞，他喜歡說自己是「船長」或「武裝民船船長」。他的哥哥皮耶在紐奧良經營鐵匠鋪，為他們的走私掩護。他倆的大哥多米尼克．尤（Dominique You）則在加勒比海周遭航行，堂而皇之就是一副海盜模樣，穿著直條紋的燈籠褲等。拉菲特兄弟在墨西哥灣搶劫外國船隻，走私精美的絲綢、蕾絲、摩洛哥地毯和皮革、家具、華麗的銀器和瓷器、水晶、掛毯、威士忌、蘭姆酒，葡萄酒等。

這些人都很複雜。

在十九世紀初，只要你的國家與其他國家發生戰爭，劫持他們的船隻就合法。巧的是，拉菲特兄弟拿的是卡塔赫納（Cartagena）城邦的武裝私人船許可證（letters of marque），這是一種僱傭兵殺人執照，而卡塔赫納恰好和所有的國家都交戰，因此他們可以「合法」掠奪西班牙人和其他所有的人。

然而，即使在傑佛遜的進口禁令之前，在美國進口和銷售這些掠奪物也屬非法。因此，拉菲特兄弟在紐奧良南部巴拉塔里亞灣（Barataria Bay）的幾個沼澤島嶼上建立營地。他們在那裡掠奪船隻，把搶來的貨物裝上划艇，經由海灣偷偷運入城市。紐奧良市放任巴拉塔里亞。只要拉菲特兄弟擁有他們的小海盜天地，這個城市就能有源源不絕的蘭姆酒。

不過尚還是儲存了火藥和砲彈，以防萬一他們來找他麻煩。

2

本書花了大半篇幅探討好萊塢喜歡稱為「不搭嘎的烏合之眾」案例。雖然表面上未必明顯，但我們已經了解夢幻團隊是各種粒子在一起撞擊的反應爐。本章我們將探究如何收集夢幻團隊所需的各種（可能不穩定的）貢獻者。正如先前所提到的，重大的進步需要大量人才，這通常意味著要組織聯盟——團隊的團隊。

在接下來的幾頁，我們會了解關於團隊在團結時常見的一些想法為什麼落後。仔細觀察一八一二年美英兩國宣戰後的情況，有助於我們看出怎麼回事。

在英國海軍開始計畫入侵紐奧良之後，英國上校愛德華．尼科斯（Edward Nicholls）祕密訪問巴拉塔里亞。他在牙買加沿海停泊一支艦隊。才剛對拿破崙打一場大勝仗的尼科斯等人率領兩萬名士兵前來，還有另外兩千七百名士兵緊隨而至。

但是要抵達紐奧良，需要駛過密西西比河湍急的水流，為了讓行動緩慢的船隻溯河而上到紐奧良，他們得由陸上入侵，癱瘓這個城市的外部防禦，這表示要為成千上萬的士兵找到一條通過沼澤迷宮的好方法。

尼科斯向尚．拉菲特出價相當於當今兩百萬美元以上的價碼，請他帶他們穿越沼澤。拉菲特答應了。他告訴他們（可能一邊摸著他的翹鬍子），他需要兩週的時間安排。尼科斯的手下欣然回艦隊做準備。

拉菲特立即趕往路易斯安那州政府，把英國人的計畫告訴他們。他用走私的蘭姆酒灌醉英國特使，打聽到所有的細節。

諷刺的是，路州正打算趕走這幾個海盜兄弟。紐奧良放任他們胡作非為，因此州長威廉．克萊本（William Claiborne）日前才懸賞五百美元，要「捉拿尚．拉菲特」。尚則一如既往狂妄自負（而且性感），因此在紐奧良全市張貼廣告傳單，懸賞更高價格捉拿州長。州政府於是派出風帆戰船清理巴拉塔里亞以茲報復。就在拉菲特欺騙英國人之際，海盜也忙著把他們的大砲和寶藏都藏匿在沼澤地裡。

為什麼海盜要幫助州政府——他們的敵人，而非英國人？這是難解的問題。但紐奧良是他們的家，拉菲特愛美國——就算不愛它的政客。[69]

美國政府得知尼科斯上校的計畫後大感震驚。美國從來就沒有想到要防衛密西西比河，更不用說紐奧良地區幾乎沒有裝備精良的士兵。由於缺乏現代化的國軍，麥迪遜總統只能徵召以和原住民作戰出名的田納西州律師兼民兵指揮官安德魯．傑克森，並且告訴他說：「盡你所能。」

傑克森也是一個複雜的人物。他以脾氣暴躁和頑固著名，對自認為是對的事不願妥協，但這些特色未必全是正確的。

例如有一次他因受侮辱而決鬥，差點殺死田納西州長。另一次他（a）手臂遭到槍擊，因為他（b）揮馬鞭打某人，這人（c）生氣，因為傑克森的朋友（d）槍擊那

69 此外，就在這一切進行之時，原本皮耶．拉菲特因走私遭囚，但在尚把英國的陰謀告訴路州議會後，皮耶就「神祕的」脫逃了。對這兩個巴拉塔里亞兄弟的刑事訴訟很快就撤銷了。皮耶獲釋後，拉菲特兄弟並沒有逃跑……

個傢伙朋友的屁股。[70]

此事過後沒有多久，傑克森接到華府驚慌的要求，要他去紐奧良。

當時健康不佳，受痢疾之苦，吊著手臂的傑克森出現在紐奧良。紐奧良居民聽說英國士兵在馬里蘭州蹂躪村民的行為，感到十分害怕。這座城市整個的防禦由拼拼湊湊的雜牌軍組成，包括由二八七名當地律師和商人、兩個裝備簡陋的路易斯安那州民兵團、一群自願參加縫紉和彈藥任務的妓女和一〇七名騎兵。當地還有由二一〇個非裔自由人組成的民兵營。他們已有一段時間沒有發餉，但傑克森說服他們加入。為了多湊人數，傑克森還請來一八〇〇個沒刮鬍子的田納西州志願軍，他們帶著斧頭和獵槍，被稱為「髒襯衫」。

這支雜牌軍得和約兩萬名訓練有素的英國軍隊對抗。這支搭湊起來的志願軍沒人曾經一起作戰過，而且幾乎沒有人見識真正的戰鬥。但現在利害攸關的是：他們的生活、他們的城市，以及美利堅合眾國的未來。

傑克森宣布紐奧良戒嚴，他發表演講，下令市民「停止一切分歧和分裂」，與他一起團結起來，保衛這座城市。市民都為他歡呼。這支七拼八湊的軍隊開始在城市前挖護城河，建造壁壘。

但這還不夠，而且傑克森心知肚明。他獲悉，另外還有兩群人可以作戰。其中一群是六十二名喬克托族勇士。教他失望的是，另一群是黑道，但他們卻碰巧有很多大砲：巴拉塔里亞的海盜。

傑克森恨法國人，也恨克里奧人和罪犯。他自己身為奴隸主人，又是一八一三年和原住民的克里克戰爭（Creek War）老將，在黑人或美洲原住民這兩方面，都沒有站在歷史正確的一方。而且傑克森真的，真的痛恨海盜。

但他更恨英國人。[71]

尚．拉菲特的律師——名叫愛德華．利文斯頓（Edward Livingston[72]），居中奔走，

70 讓我們重新釐清順序：有人嘲笑傑克森的好友，因此，傑克森的好友就開槍打這傢伙的屁股，被射者的朋友為此發火，傑克森就用馬鞭修理被射者的這位朋友，於是這位發怒的朋友開槍射中傑克森的手臂。就那麼簡單。

71 在美國獨立戰爭時，他成了孤兒。他的母親在一艘英國船上照顧傷者時死於霍亂。他全心全意的憎恨英國人，而他們竟敢再次來毀滅他的家園。就像西奧多．羅斯福（Theodore Roosevelt，後來擔任總統）在書（他寫的第一本書，*The Naval War of 1812*）中寫的：讓他興起「一種絲毫不覺恐懼的暴怒。」

72 基本上就像是經典美劇《絕命毒師》中的流氓律師索爾．古德曼（Saul Goodman），一八一〇年代的版本。

安排了將軍和他的客戶會面。傑克森受這位大鬍子武裝民船船長吸引。拉菲特除了大砲之外，還貯存了火石、火藥、步槍和手槍。傑克森提出大家不分異己拯救城市的提議，於是拉菲特加入了軍隊，擔任共同參謀。

喬克托族也加入了軍隊，紐奧良防軍成了美國史上士兵成分最多元的軍隊，但他們的人數依然以至少一比六，難與英軍匹敵。

英國人把他們的軍隊送到海灣，在紐奧良南方數哩紮營，打算等白天再攻擊傑克森的壁壘。然而，巴拉塔里亞海盜趁著黑夜乘船順游而下，捻熄燈光，停在英軍營地對面。英軍雖注意到，也出聲，向它發射一些砲彈做為警告，但後來認定應該是漁船之類的。他們一整天都在沼澤裡划船，已經很疲憊，因此回營睡覺。

突然砲口大開，海盜向英軍營地開火。

這不是英軍打仗的方式。英國人習慣「文明」戰爭，打扮得漂漂亮亮的士兵排成緊湊的陣型行進，直視他們的敵人，憑力量和榮譽取勝。

海盜可不來這一套。他們徹夜轟炸英軍營地。砲彈用盡後，就把鍊子和廚具放入砲裡，轟掉射程範圍內的一切。

英軍沒料到在這場戰鬥中會需要用到砲兵。風勢不容他們把船隻帶往上游數週。如果要穿過沼澤地，把加農砲運來反擊，需要數天的時間。所以英軍只好挖出戰壕，躲在泥巴裡等待。

此時，喬克托族開始潛入沼澤，用戰斧斬殺英國哨兵。他們挑選走進樹林去小解或者帳篷離主營地遙遠的對象了。而同時，髒襯衫由遠處用獵槍暗殺哨兵。

英國軍官認為這樣攻擊非常沒風度，他們說，這是印地安人散兵戰的方式，崇高的戰爭怎能這樣打！尼科斯派使者搖著停戰旗去要求他們停止這種無聊的舉動，拿出紳士的風範來作戰。傑克森接待使者，並送他回去，彬彬有禮的建議上校「去你媽的」。

英軍最後終於把大砲拖來沼澤地，轟掉海盜的船，可是這時海盜已在下游準備了一艘更大的船——射程比英軍的大砲更遠，雙方持續砲擊。

傑克森把威士忌發給每一個士兵，準備他知道即將發生的全力衝刺。英軍要躲避海盜的騷擾砲火，唯一的作法就是向前以蠻力襲擊傑克森的陣線。

等英軍最後衝刺時，傑克森已經挖了一條巨大的護城河，泥土壁壘也堆了幾呎高。他依拉菲特的建議，把這個壁壘延伸入沼澤區半哩，結果發現英軍正準備在此集中火力。他在壁壘後安排了由尚的長兄多米尼克．尤領導的髒襯衫步槍射手和巴拉塔里亞的砲手。

最後的攻擊發生在一八一五年一月八日週日早上。英軍源源不絕向前衝，捍衛美國的雜牌軍開火。煙霧太多，因此他們不得不偶爾停下來，讓煙塵消散，髒襯衫狙擊手才能再瞄準目標。這種長管步槍射擊英國軍官特別精準，因為他們穿著色彩鮮豔的外套，戴著高帽，目標清晰。這種打法雖不酷，但卻奏效。另外，海盜船上發出的一枚砲彈一次可以殺死十五人。英軍看著他們自己的大砲沉入泥潭。

塵埃落定後，英軍共有三七五〇人傷亡。

美國這邊只有三三三人傷亡。

英國人覺得要獲勝太難了。他們收拾行囊，然後穿過沼澤地回到他們的船上。

英國撤軍了，紐奧良辦派對慶功。[73]

紐奧良戰役成為歷史上軍事戰略最輝煌的成就之一，這樣的結果大半是因尼科斯上校這方太過自信，但另一方面，傑克森將軍其人雖然常受到鄙視，但這回他的確值得掌聲鼓勵。他和他原本看不起的人合作，把一群烏合之眾變成夢幻團隊。按我們的朋友山下．凱斯的說法，傑克森為這項工作「選角」，造就出最適合這工作的完美的團隊。現在你無疑會體會到，這次的勝利真正的重點並不在於傑克森的領導力。這是我們由一開始就在談的事。贏得這場戰爭的並不是情報或戰爭技能，讓情勢轉危為安的是各種不同的戰鬥啟發力和多樣化的觀點。

換句話說，要不是因為這些傑克森這些烏合之眾的不搭嘎，五元美鈔上可能要放女王的頭像[74]。髒襯衫的獵槍可射得比任何英國士兵更遠更準，他們雖無法像英軍那樣快速裝彈，但若想想此役的後勤補給，就知道田納西士兵沒有必要快速裝彈。喬克托族趁黑夜暗殺英國士兵，已重挫英軍士氣（更不用說他們有靈敏的眼睛和耳朵偵察）。另一方面，如果沒有巴拉塔里亞海盜兄弟的大砲，或拉菲特的參謀建議，傑克森很肯定他的部屬絕對難以匹敵。

73 套句紐奧良當地的法語名言，就是「讓歡樂時光繼續」（Laissez le bon temps rouler），不是嗎？

74 其實在紐奧良戰役開火前幾天，已簽訂《根特條約》（*The Treaty of Ghent*），結束一八一二年的戰爭，但消息要一個月之後才能傳到。許多人推測要是尼科斯攻下紐奧良，並繼續北上密西西比州，恐怕就不會遵守該條約。至少英軍沿著美國東岸擄掠強暴的事必然在此重演。但究竟會發生什麼事，沒有人能確定。

這場傳奇戰鬥讓傑克森聲名大噪，他進入政壇，並成為美國第七任總統，由利文斯頓出任他的國務卿。

而尚·拉菲特也不再是通緝犯，反而成了當地的名人。他開始出入豪華派對，由偷船改為竊取他更喜歡的東西：紐奧良美麗貴婦的芳心。

3

共同進步需要不同的啟發力和觀點，這方面我們已經談了不少。我們也談過該如何進行認知摩擦，善用這些差異。我們討論過夢幻團隊如何紓解緊張壓力，如何運用挑釁，開放自己，接納外卡的點子，找到別人無法找到的解決方案。

傑克森和他不搭嘎的軍隊是夢幻團隊典型代表，他們辦到了這一切。但他們的故事也指出一個必須解答的重要問題：夢幻團隊成員各有差異，怎麼團結在一起？

傑克森和拉菲特兩人一點都不相像，但他們卻集思廣益想出防守策略，化原本懸殊的兵力為以一比十、對己方有利的傷亡。喬克托族和田納西人是徹底對立的敵人，但他們合作起來卻所向無敵。自由黑人和他們有理由痛恨的奴隸主一起打造壁壘，射擊步槍。巴拉塔里亞海盜與州長派來擊潰其窩巢的士兵一起發射大砲，他們形成絕佳的聯盟。

由此我們可以了解，我們不必非得一樣才能團結，甚至也不必喜歡彼此。我們只需要一個足夠好的共同目標，是我們最大的想望——在此例中是共同的敵人和拯救這個城市的聯合使命。

心理學家稱此為超常目標（superordinate goal）。超常目標不僅僅是一個共同的目標，而且它比其他所有目標都優先。例如，你希望美國是自由國家的渴望，超過你收入兩百萬美元的心願。這些目標讓我們克服我們心裡原本對合作所抱的包袱。

歷史一再證明，超常目標有團結甚至最不相同者的力量。

美國和巴拉塔里亞海盜兄弟是敵人，傑克森不是大度能容的人，黑人士兵在視他們為下等人和財產的社會裡，自由的程度有限。要是英軍打敗美軍，喬克托族有絕對的理由說：「活該。」

但正如兩千多年前古老的梵語諺語所云，這些敵對的各方都明白，「敵人的敵人，就是我的朋友。」每個人保住家園的欲望超越他們對英國人提供黃金的欲望，或者報復過去所挨的打或輕視的欲望，他們的超常目標讓他們團結在一起。

對於我們成為一個團結團隊的問題，看來答案很簡單。無論我們多麼不同，只要我們制定一個超常目標，就能共同努力，而不會崩潰瓦解。

只除了一個小問題。這就是紐奧良戰役結束後，尚．拉菲特的遭遇。

4

一八一五年二月六日，麥迪遜總統赦免了拉菲特兄弟及其手下在戰爭前犯下的任何罪行。這些海盜為了拯救美國，捐出他們的武器，並且英勇的戰鬥。

可是路州政府在此同時，卻決定把巴拉塔里亞海盜的物品全部沒收，所有的絲綢和蘭姆酒，以這些年來他們努力囤積的家具和好貨——麥迪遜基本上已經允諾不過問它們的來源，最後卻全都被收進克萊本總督的倉庫。

尚．拉菲特提告，官司一直打到最高法院。拉菲特堅稱他從未真正參與海盜行為。由技術上來說，他是卡塔赫納的武裝私人船主，因此按美國法院來看，可以合法在國際水域上劫掠。諷刺的是，州長強奪拉菲特的商品，比海盜更海盜。

但路易斯安那州卻過河拆橋。如今危機解除，美國貨運恢復正常，他們不再需要這些巴拉塔里亞海盜。克萊本不但沒收拉菲特的物品，並且再次通緝他。因此，拉菲特兄弟駕船前往德州沿岸的加爾維斯頓島（Galveston），在那裡建立了新的海盜王國。

戰後，傑克森的忠誠也煙消雲散。[75]他幾乎立刻在與政府對立爭吵。在傑克森宣布紐奧良戒嚴時，曾把一名好事干預的法官關了起來，現在文職政府重新掌權，這位法官告他非法監禁。

此外，就在戰後幾天，傑克森公開處決六名要求回家的志願民兵。在和平條約正式簽署前，按戒嚴法，傑克森依舊掌指揮之權。這些志願兵三個月的合約已到期，但傑克森卻命令他們留下來。他們試圖自行回家時，傑克森當著城內居民面前開槍，彰顯他的

75 除了傑克森在為超常目標指揮軍隊的時期之外，和他共事的人很少真正喜歡他。這人標準奇特且苛刻。後來他當上美國總統，也曾公開講他自己副總統的壞話，還逼迫數千美洲印地安人西遷，許多人在途中死亡。

權威。其中一位死者是浸信會傳教士，家裡有九個孩子。他請求傑克森憐憫，但傑克森不予理會。[76]

傑克森在正式報告上，略過海盜供應火藥、燧石和大砲的事不提。他簡短的讚揚尚．拉菲特，卻淡化他在戰略上拯救城市的功勞。

對於這一點，拉菲特一直不肯原諒傑克森。巴拉塔里亞海盜對公平和平等的看法和傑克森不同。

事後證明，儘管超常目標有強烈的凝聚力，但卻稍縱即逝。一旦目標達到或改變，各方就沒有理由互相幫助。因此，建立在共同敵人身上的關係往往會隨著敵人消失而結束。之後大家就回頭繼續互相爭鬥。

在紐奧良戰役中，形形色色的人在一段時間內有相同的意向，但是在目標實現之後，就不再有任何黏合的力量能把這些人聯合在一起。

在紐奧良戰役一二五年後，美國人和英國人因為共同的敵人，而以類似的方式結合在一起。阻止希特勒的超常目標讓這兩國和共產主義的俄國一起合作，在擊敗納粹黨後，美俄又恢復到彼此不信任的態度，但美英之間卻發生有趣的變化，他們發展出長期聯盟的關係。這些年來，兩國邦交更友好，而共同努力擊敗納粹更鞏固了這種關係。

這並不是因為英美兩國同文同種（英國人對美國人的言論往往不屑一顧，何況更多美國人並沒有英國血統）。許多史學家認為，這是因為英美兩國有一些他們和俄國並沒有的共同點：一組強大的共同價值。

美英兩國在政府、神學和道德等方面的原則都很類似。兩國為了阻止希特勒的這個超常目標，不得不共同努力，而在這個過程中，他們了解到彼此有很多共同點，雙方團結一致，互相扶持。

我們看到這種情況在企業中一直發生。研究人員吉姆·柯林斯（Jim Collins）和傑瑞·波拉斯（Jerry Porras）指出，成功的公司往往會有「像宗教狂熱」（cultlike）般的價值觀。他們的員工必須遵守這些價值觀，否則只好走路。尼米斯博士寫：「這種宗教狂熱的氣氛生產力非常高，充滿了熱情。」經常談論共同價值觀的公司通常能迅速有效的讓員工合作。研究證明，他們的流動率往往很低，業務相對穩定。

---

76 人民義憤填膺。但更糟糕的是，後來發現，早在行刑前五天，和平條約已正式生效，只是使者還未由華盛頓抵達而已。幾年後這個消息在全國媒體上曝光，差點讓已當上總統的傑克森下台。他應該下台。

如我們所見，共同的目標讓我們團結在一起，可是當威脅消失之後，是什麼讓我們不致崩潰瓦解？答案並不是我們共同的目標，而是我們共同的信念。只是後來發現，這也並不全部正確。其實，這可能是個大問題。

紐奧良戰役中最教人難過的，就是英國第九三軍團。這個軍團共有一千一百名自傲的蘇格蘭人，每人都符合一八〇公分高的條件，看起來很帥。他們穿著格子花呢蘇格蘭紋長褲，一絲不苟的按著風笛的調子行進。

他們根本還是孩子。國王告訴他們，如果他們表現得好，就會得到豐厚的報酬。英國軍隊是舉世最有紀律的軍隊，他們有共同價值的強力文化：勇往直前，毫不遲疑；忠心耿耿，從不質疑，和無可挑剔的服從。接到命令時從不懷疑，也從不違背。

蘇格蘭人是最信奉這些價值觀的人，可是這卻讓他們送了命。

在戰鬥最後一次進攻時，九三軍團的指揮官下令立定，然後他就陣亡了。部隊停了下來，就像傑克森的壁壘前面的雕像一樣，乖乖等待下一個命令。除非接到命令，否則他們除了「立定」之外，什麼也不做。

傑克森的部下把他們炸成碎片。他們的大砲一再的向這群活靶射擊，射倒了六百人，才有人終於大喊「撤退！」

尼米斯博士的研究證明，組織裡強烈的共同文化價值觀儘管能帶來穩定，但卻有個很大的缺陷，會產生反效果。價值觀越嚴格，災難後果的可能性就越大。尼米斯博士寫道：「證據顯示，最可能引發創造力的氣氛是完全與『宗教狂熱』相反的氣氛。」

她說，共同的價值觀讓我們更容易有一樣的想法，對整個團體的思維方式不會提出質疑。他們把不同的觀點變成相同的觀點，這雖能維持和睦，但不能解決問題。它會讓團隊離開「狀態」。

有些組織想要透過自行製作「創意」和「冒險」的價值觀，來克服這一點。但資料顯示這並不真正有效。文化相似性高的群體只要找到了可以奏效的解決方案，就不會再尋找更好的方案。他們認為自己很有創意，因為它是一種價值觀。可是尼米斯博士指出：「良好的用意和努力並不一定會產生創造力。」

而且就像我們由這些可憐蘇格蘭人的故事中所學到的，強烈的共同價值未必就會帶來創意。

南加大教授華倫．班尼斯（Warren Bennis）的研究顯示，如果公司有強烈的價值觀，當員工的意見與主管相左時，七成的員工都會噤若寒蟬。換句話說，要求員工遵守強烈的價值觀，就會促成組織沉默。

如我們在本書中所學的，夢幻團隊必須要有不同的觀點，並且認真思考它們，把它們結合在一起。而且擁有不同的觀點往往也會帶來不同的價值觀。[77]然而，缺乏共同價值觀的聯盟，像傑克森和拉菲特，往往難以持久。

我們的結論是否是：夢幻團隊註定轉瞬即逝？

幸好答案是否定的。這個等式中的元素不僅僅只有「共同的目標」或「共同的價值」而已。

要說明這個答案，我們要先看看另外一些海盜，不過他們只有十二歲。

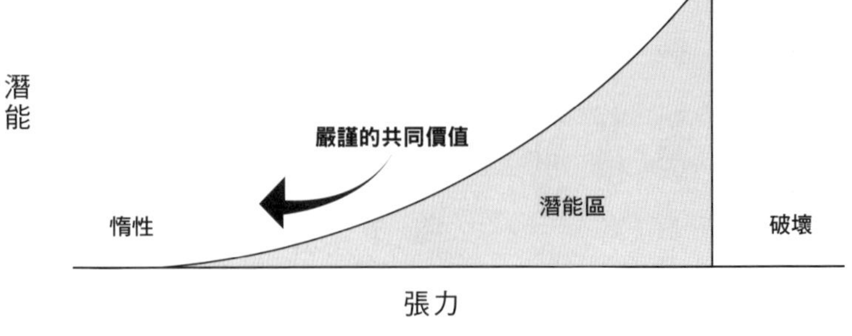

5

一九五四年，社會心理學的先驅穆扎弗．謝里夫（Muzafer Sherif）做了一個精心設計的實驗。

他和同事為奧克拉荷馬州一群十二歲的男孩設計為期三週的夏令營，地點在強盜洞穴（Robbers Cave），是俠盜傑西．詹姆斯（Robbers Cave）在當地森林中著名的藏身之所。謝里夫把這些男孩分為兩組，每組十一人。有一週的時間，兩組各自在林間煮飯、郊遊和遊戲，彼此都不知道對方存在。他們各自選出領導人，並各自命名為響尾蛇隊和老鷹隊。

漸漸的，科學家們讓這兩群男孩相互知道對方，這立即讓雙方分別團結起來，彼此對抗。比如響尾蛇隊聽到老鷹隊打棒球，就出言抱怨，稱老鷹隊為「乞丐」和「共產黨」。老鷹隊則把響尾蛇隊稱為「臭傢伙」。[78]

77　有智慧的群體，即使是有共同強烈價值觀的群體，都了解容許人以進步之名，打破文化階級的重要。例如在猶太教中，如果是為了拯救生命，就可以違反任何規則。

夏令營輔導員為了煽動敵意，還讓兩隊拔河，並舉行足球賽。很快的，兩組互相到彼此的小木屋順手牽羊，並互扔垃圾。

謝里夫是第一批注意到像這樣的群體動力學會創造「知覺扭曲」（perceptual distortion）的科學家之一，他指出，光是知道一個獨特團體的存在，就足以養成偏見。他的研究就是我們今天所了解內團體和外團體心理學的開始。

發生知覺扭曲時，同一團隊成員之間的差異就降到最小，甚至遭到忽略。「同一範疇的成員似乎比實際上更相似，也比他們被歸類在一起之前相似得多。」心理學家山繆．蓋特納（Samuel Gaertner）和約翰．多維迪奧（John Dovidio）寫道。而外團體的差異則被誇大和概括歸納：「正面行為和成功的結果較可能被歸功於內團體（而非外團體）固有的穩定特點（個性），而負面結果則較可能歸因於外團體（而非內團體）成員的個性。」

聽起來就像在描述種族歧視，性別歧視或任何其他歧視，不是嗎？是的。

這情況也發生在老鷹和響尾蛇隊。沒有多久，兩隊的男孩在營地附近走動時就都手拿棍棒，襪子裡裝著石頭，雙方互相鬥毆，爭搶食物。

接著營地輔導員破壞了水源，大家都沒水喝。輔導員告訴孩子們說，他們懷疑兩個營地之間的水管或者水管上方的水槽可能漏水或堵塞，他們要每個男孩協助把問題找出來。

孩子們按團隊分頭去找問題的源頭。正如輔導員所計畫的，大家都來到山頂的水槽，發現問題就在這裡。

兩個陣營都有幾個孩子一起花了幾個小時疏通堵塞處。完成後，大家都興高采烈，沒有人計較誰該先喝水，不過他們仍然分開回營。

到目前為止一切都很順利，作實驗的學者必然如此想道，說不定還捻著鬍子，就像現代的拉菲特兄弟。

接下來，輔導員告訴孩子們，他們要租《金銀島》來播放給大家看，但還差十五美元才夠。雖然有些老鷹隊的隊員已回家，兩隊人數已不一樣，但孩子們還是同意兩隊出同樣的錢，湊足電影租金給大家看。他們正在學習為了超常目標合作。

接著孩子們在去湖邊探險的路上，運送營地食物的卡車「沒辦法發動」。孩子們都餓了，他們決定用拔河的繩索來助推發動。輔導員假裝汽車引擎壞了，經過助推就發動

78 這話在當時是莫大的侮辱！

起來，卡車發出聲音啟動了，孩子們歡呼雀躍：「我們和卡車拔河獲勝！」他們互拍對方的背，在食物送達時也不分彼此，一起排隊。

這是轉折點。孩子們開始用「我們」一詞代表所有的人，而不僅限於他們自己的團隊。

實驗者稱這個過程為「去類別化和再類別化」（decategorization and recategorization）。在孩子們為了共同的目標而合作之際，他們認識個別的個體，打破他們對類別的刻板印象。原來響尾蛇並沒有那麼糟糕！老鷹隊也不壞！

這開啟了大門，讓孩子們看到這兩個群體是更重要事物的一部分。一個超常的團隊。因此，重要的轉變發生了，在超常團體中，孩子們做了研究人員稱為「相互分化」（mutual differentiation）」的行為，他們開始認識到個人的長處，比如有個男孩很擅長切肉；也了解群體的長處，比如他們可以彼此互教不同的有趣營歌。

這讓他們「更尊重欣賞兩個群體的差異」。他們不再把雙方的差別看成問題，而是當作團隊的潛在資產。因此孩子們不只找到了共同的目標和獨特的優點，而且也培養了尊重。

到夏令營結束時，孩子們仍然自認為是老鷹或響尾蛇隊，但他們不再把雙方的不同當成問題，而視彼此的團隊為屬於更大團隊的小團體。研究人員說：「在夏令營最後一天的早餐和午餐時，座位的安排不用再考慮隊員所屬的團隊，後來坐巴士回到奧克拉荷馬市的那段路程也一樣，孩子們混在一起朝巴士前面擠，一邊唱《奧克拉荷馬》。」

強盜洞穴的例子讓我們再次看到超常目標怎麼把能讓不同的人一起合作。我們在第三章對此已略有了解，知道遊戲和幽默可以紓解原本彼此關係緊張過度的團隊。我們也由這項研究中學到對彼此的差異培養尊重的重要性。我們學會了：要成功，就得要打破人類類別之間的牆，把我們自己當作超常團隊的一部分。參加夏令營的孩子們有一些共同的價值觀，比如大家輪流和公平的理念，但他們並非對一切都意見一致。到頭來這並沒有關係，他們學會尊重彼此，雖然各自是響尾蛇和老鷹，但也是更大團隊的一部分。

傑克森不尊重拉菲特和巴拉塔里亞海盜或喬克托人或自由黑人，他認為他們不是美國人，而是外人，對他的目標有用，但並非該包括在他內團體的人，所以在戰役結束後，他們分道揚鑣。

6

我小時候很喜歡電影《火箭人》（*The Rocketeer*）中的一幕。快到結尾時，警方與暴徒槍戰，這些暴徒和電影裡的大壞蛋提摩西．道頓（Timothy Dalton）勾結，而道頓其實是邪惡的納粹分子。在暴徒和警察交火時，道頓乘巨大的飛艇逃跑。

飛艇起飛時，巨幅的納粹旗幟赫然出現，隨風飄揚。

暴徒頭目艾迪．范倫坦（Eddie Valentine）看到旗幟，他大吃一驚。他看著他原本在射擊的警察……然後把他的湯普森衝鋒槍轉向納粹，說：「我賺的也許是黑心錢，但我是百分之百的美國人。我不為卑鄙的納粹工作。」暴徒和警察突然同心協力，一起合作。

暴徒和警察雖然價值觀不同，目標不同，但在關鍵時刻，共同的身分認同把他們結合起來。而范倫坦的超常目標是美國內團體要成功，這比納粹道頓付錢請他做的工作更重要。就如我們先前談到的，內團體的心理目的是讓人知道什麼時候可以信任對方的意圖，這讓我們感到足夠安全，可以冒我們必須冒的風險追求進步。只要《火箭人》中的暴徒和警察重建他們都是美國人的身分認同，就能背對手拿武器的對方，毫不畏懼遭到偷襲。

在夢幻團隊中，這種超常團隊信任有一個重要的特點。信任一個人的能力是一回事，我們不需要和對方在同一團隊中，就可以信任他的能力。但是像最傑出的團隊那般信任團隊成員的意圖，卻有莫大的力量。如果我們信任某人的意圖，那麼即使他們和我們不同，也突然不再有關係——不論他們是否相信不同的事情、偶爾和我們有不同的目標，或者甚至他們犯了錯誤，都無關緊要。有了這樣的尊重之後，即使我們產生認知摩擦，也不致變成人身攻擊或發怒。我們可以毫無負擔的提出異議，互不同意，或者互相糾正，因為我們的出發點是：「我知道你並無意對我造成任何傷害。」

表面上，本章提出了一個矛盾的情況。強烈的共同價值觀能讓團隊團結，但研究也顯示，它們也促進了有害的群體思想。而同時，我們在本章中也了解到：不同團隊要融合為一個超常團體，尊重的價值攸關緊要。

其實如果我們回想迄今已討論過的所有內容，就會發現本書的每一章都提出了夢幻團隊需要分享的價值觀。在神鬼妙探那一章，我們了解了為什麼我們需要重視差異；在武當派那一章，我們證明開放、坦誠的相互交往的價值。卡蘿．瓦朗教我們，遊戲怎麼讓我們把重視差異做得更好；奈莉．布萊向我們示範挑釁和異議的價值；馬克．提甘和馬列維奇讓我們了解無盡好奇心的需要。本章已向我們說明為什麼偉大的團隊都需要相互的尊重。

把這一切都攤開來看，讓我們的矛盾有十分明顯的解答：原來並不是所有的價值都生而平等。能夠協助我們包容不同的人和觀點的價值，才是我們希望我們的團隊要分享的價值。與包容無關的價值，則是我們未必要共同擁有的價值——其實，如果我們有太多這種共同的價值，就是我們該要擴展我們圈子的訊號。

此外，當組織談論他們的「價值」時，往往會把價值與實踐混為一談。「顧客永遠是對的」、「簡化」，和「找出平衡」，這些是政策和行為，不是價值。像這樣的政策和行為雖然大部分時候很有用，但若只按字面上的意思實行，沒有異議的空間時，卻可能適得其反。他們雖可以讓人們團結在一起，但卻限制攀登山峰的進步。

換言之，我們可以說，夢幻團隊就像一個家庭。家庭成員未必總是意見一致，有些人長大之後可能不會保持和其他成員同樣的價值觀。家裡可能有一兩個異類。但在一個好的家庭中，一種聯結凌駕在這些差異之上。成員在保持其個別觀點的同時，也可以團聚在一起參加讓家人建立關係更緊密的儀式。這就能協助培養體育作家比爾·西蒙斯（Bill Simmons）所稱的「不自私的文化」。[79]或像紅軍冰球隊員一樣，一個家庭成員可以同時歸屬和有意義的貢獻，可能會選擇團隊的成功，而非自己個人的成功。

這就是在面對新挑戰時，可以重新組合，盡其所能的團隊。就像俄羅斯五虎將、或者武當派，或者平克頓的國家偵探社。

要夢幻團隊成功，還需要最後一個價值。它是我們在這整本書中一直暗示的一種美德，也是偉大團隊的個別成員必須要有，才能充分利用他們潛能的美德。這就是我們要在本書最後兩章探討的內容。

---

79 就像現代政治的一大問題並非來自不同的價值，而是不能看出不同價值對促使我們成為團隊的益處，因而缺乏尊重。這正是喬治·華盛頓在總統告別演講中所提出的警告。華盛頓痛恨政黨的想法，因為他們分裂了我們的身分，很容易讓我們忘記我們站在同一邊。

第六道「夢幻團隊」的魔法

・超常目標

強烈的共同價值觀能讓團隊團結。但要讓不同團隊融合為一個超常團體，尊重的價值攸關緊要。我們不需要和對方身處於同一團隊，就可以信任他們的能力。有了這樣的尊重之後，即使我們產生認知摩擦，也不至於發怒或變成人身攻擊。

第七章 麥爾坎改變想法之時

「這迫使我……拋棄我先前的一些結論。」

1

四歲的麥爾坎．利圖（Malcolm Little）最早的記憶，是白人至上主義者燒了他家的房子。

當時是一九二九年。三K黨打破了他父母親在密西根州蘭辛（Lansing）家的窗戶，還威脅他們一家如果不趕快離開，會有更嚴重的後果。他們當時並沒有搬家，但現在房子沒了，他們非走不可。

當地警方非但沒有搜尋縱火犯，反而把利圖的父親關了起來，以防「說不定」火是他放的。但他們找不到證據，所以法官把他放了出來。

沒多久，利圖的父親遭到有軌電車輾斃。警察認定他的死是意外，但當地人都說是有三K黨員推他，才害他枉死。

在利圖的父親死後，他母親無法一個人撫養七個孩子，她崩潰了。利圖的少年時期，她就住進了精神病院。

利圖告訴他的老師，他想當律師，但種族主義從中作梗。他的英文老師對他說：「你必須要接受自己是黑人的現實，當律師——這目標不切實際。你為什麼不打算做木匠？」

利圖一氣之下輟學，到波士頓和同父異母的姊姊同住，她曾多次因刑案被起訴，也很快就進了精神病院。

他開始吸毒，販毒，然後偷竊以購買毒品。十九歲時他因買賣贓錶被捕，以竊盜罪名受審。

他的白人女友在證人席上出賣他，法官判他最高刑期，因為「你不該和白人女孩有瓜葛」——這時利圖認定他恨死了白人。他被判六至八年刑期，在聯邦監獄裡任心中的仇恨滋長。

利圖在牢裡的第一年性情乖戾，不肯合作，獄友因為他滿口穢言，為他取了「撒旦」的綽號。他私運毒品入獄，如果不能按平常的方法過癮，就吸肉荳蔻，因為高濃度的肉荳蔻有類似大麻的效果。他滿懷仇恨。[80]

一位年紀較長的囚犯班布里特別照顧他，並且說服他。如果他讀書受教育，說不定可以減刑。利圖把班布里當成父親，因此接受這個建議。他開始上函授課程、讀書，記下字典裡的單字。他開始寫信，並且不再咒罵，反倒讓警衛大感困惑。

大約在此時，利圖開始與一個新宗教小團體的領袖通信。[81]他的兄弟最近加入了這個團體。該組織宣傳的是混合新版的伊斯蘭教，主張不吃豬肉，不喝酒，禁止婚外性行為，以及其他嚴格自律的項目，但主流派的穆斯林卻不承認它，因為它有一些新思想，而且

80 還有滿心肉荳蔻。

81 利圖的傳記作者曼寧．馬拉布爾（Manning Marable）及其他學者把這個團體早期歸類為「狂熱團體」（cult）。依據定義，以個人為主的宗教社會，具有嚴格的內群體規則，難以容忍不同的意見，在它成長為主流之前，就是「狂熱團體」。但這些人也有點駭人。

缺乏如相信穆罕默德是最後先知等基本理念。不過利圖並不知道這一點。因為這團體的領導人——稱為以利亞．普爾（Elijah Poole），聲稱神告訴他關於白人的真相。

以利亞的故事說，數千年前，世界上所有的人都是黑皮膚。後來有個心理不正常的人雅各（Yacub）創造了白人，作為早期的科學實驗。以利亞說，他們都是惡魔，他們如今的後代也是惡魔。

起初利圖認為這個故事不可思議。幾世紀以來白人也用類似的故事，做為奴役和歧視黑人的理由。[82]

然而，利圖回想迄今在他年輕生命中與白人來往的經驗，越想就越覺得他所遇見的幾乎每一個白人對他都很惡劣。他頓悟了：他們全是魔鬼。

利圖加入這個教會，很快就開始向其他犯人傳教。他把自己的時間都花在學習和辯論宗教上，尤其擅長宣揚白人至上的錯誤，和他新發現的黑人至上真理。

利圖一九五二年獲得假釋，他遷至底特律，做了牧師。他重生了。他說：「任何坐牢的人得到的都不會比我更多，我徹底覺醒了。」

在他重生之後，他放棄了利圖這個姓。

現在他自稱為麥爾坎．X。

這個團體的領導人以利亞，自稱是永無過失的真主使者。他聲稱見到了神，被賦予擔任「失去又再現的『伊斯蘭國度』（Nation of Islam，簡稱ＮＯＩ）領袖」的責任。他的國度需要四百名信徒嚴格的服從和奉獻。

X在監獄藉著辯論訓練出絕佳口才，他知道雅各所說的歷史非常吸引人，但他傳教時卻強調這個宗教背後的另一個訊息，以及日益成長的黑人穆斯林運動：黑人理所當然應該有自尊。

這個訊息尤其引發貧窮非裔男性的共鳴，讓許多受欺壓的黑人男子得到他們亟需的希望。

遺憾的是，在這個訊息之外，伊斯蘭國度當時的教義是激進的暴力，厭惡任何鼓吹種族融合的人。此外該教也有嚴重的性別歧視，讓這個團體和美國南部日益成長的民權運動對立。

但它仍然為ＮＯＩ的追隨者帶來了希望。X為這個新伊斯蘭教派布道，很快就吸引

82　對《舊約》（英王欽定本，《創世紀》第九章第二十五節）故事的一個解釋說，黑皮膚是挪亞對他邪惡的孫子迦南的詛咒。以利亞稱白人受到詛咒，倒轉了這個故事。

比真主使者以利亞所招來更多的群眾。

深諳講道訣竅的X在一年之內，就讓NOI的成員增加了一千人。不久，他每個月都吸引一千人。他成立波士頓分會，然後又擴張到紐約和費城分會。不知不覺中，他每次演講都有四千名聽眾。

以利亞的銀行帳戶進帳越來越多，他在芝加哥買豪宅，又在亞利桑那州買華廈。以利圖的教會成為正式的宗教，也是準軍事組織。X的手下突然冒出大批執法義工。他們練習空手道，並殘酷的毆打不聽從以利亞指揮的成員。

情況有點失控。伊斯蘭國度想要成立自己的國家，他們要一些州脫離美國，如果能在非洲有一片土地讓他們自行治理，則更理想。X鼓吹黑人應該「親自動手」，用暴力對抗白人政府，以實現這種分離。他抨擊馬丁路德．金恩博士在美國南方的非暴力民權運動，稱金恩是白色魔鬼的傀儡。X在講壇上說猶太人、基督徒都邪惡，女人則脆弱。

在金恩博士等人推動平等和融合時，X和伊斯蘭國度卻鼓吹相反的理念。他們與三K黨和美國納粹黨談判，考慮結盟，以促進這三個群體都期望的結果：讓黑人和白人彼此分隔。X和金恩及其追隨者不同，他不相信白人能不恨黑人。如果他們真的是魔鬼，那他們怎麼可能做到這點？

隨著X的名氣越來越響亮，他和金恩博士的民權團隊的關鍵成員貝亞德．魯斯丁展開一連串公開辯論，我們在第四章提過此人。X和魯斯丁代表的是二十世紀中斯黑人維權團體在爭取權利時，南轅北轍的兩派思想。在左邊的是主張種族融合甚至社會主義的自由派——曾是共產黨員的魯斯丁就處於這個邊緣；在右邊的是主張黑人企業所有權和獨立社區的保守派，其邊緣主張為完全為黑人而設的獨立國家。伊斯蘭國度對此的激進觀點極端偏右，簡直就位於懸崖上。

在雙方的辯論中，魯斯丁主張非暴力革命。X則鼓吹相反的作法，他說：「我們不會把另一邊的臉頰轉過來讓人打。」X沒有加入著名的一九六三年三月「華盛頓遊行」爭取民權，反而譴責它，說這是浪費時間。他說，和平遊行是「白人」想要的。

在巴黎發生空難，一二一名白人喪生時，X稱之為「一件非常美妙的事。」他稱甘迺迪總統為「獄卒」，並說支持種族融合的美國白人「宛如蛇蝎」。甘迺迪遇刺身亡時，利圖告訴媒體說他活該。

金恩博士和其他民運人士為此譴責X。金恩說：「我們不贊同麥爾坎對白人表達的仇恨。雖然黑人社群有許多合理的不滿和義憤，但這從未發展成大規模的仇恨。」

黑人民權領袖對X敬而遠之，政治理念在兩個極端的白人政壇領導者也對他感到恐懼。納粹黨持續出席他的集會，支持他的分裂主義。聯邦調查局監視他，憤怒的黑人至上主義者則湧向NOI，接受槍枝和空手道訓練。

但接著卻發生了不可思議的事。

X消聲匿跡一段時間，等他回來後，他言論的方式與以往截然不同。麥爾坎．X在受訪時說：「『我們不該用膚色來評斷人，而該由他有意識的行為，由他的行動來評斷他。』」

這是什麼話？

他的追隨者大為失望。這是開玩笑嗎？說不定是一種花招？

但並非如此。X澄清：「對任何形式的隔離和歧視，都該採取不妥協的立場。」

這位分離主義者改拿民權運動融合的火炬了嗎？他要加入魯斯丁和金恩嗎？這不可能是真的。

雖然X的信徒苦等他說：「這只是開玩笑！」但他還是一直說：「我相信人可以依平等的基礎活得像人的社會。」

所有的政治陣營都感到震驚。是什麼促使他產生這樣的轉變？那位要大家以黑人至上主義和白人至上主義鬥爭的激昂傳教士到哪裡去了？

他消失了。X放棄「黑人民族主義」的標籤。他甚至開始說，他組織裡的女性應該和男性「有同等的地位」。他放棄伊斯蘭國度，成為遜尼派穆斯林。他宣布「人類的大家庭需要基督徒、猶太教徒、佛教徒、印度教徒，不可知論者，甚至無神論者。」他說，如果我們想要為受迫害的黑人創造更美好的世界，就得像一個團隊一樣合作。

在這樣的心態轉變之後，X開始在報上撰文，題目如：「種族主義：摧毀美國的癌變」。他告訴媒體：「我不主張暴力。」另一個令人驚訝的轉變是，他宣稱：「想愛人，就該以此為己任。」

X在接受訪問時，也對過去的觀點和行為表示懊悔。他對當地的記者說：「記得那位在餐廳裡的白人女大學生嗎——想要幫助穆斯林和白人融合在一起的那位？我告訴她不可能，後來她哭著離開。現在對那件事感到很遺憾……我很抱歉。」

麥爾坎．X的轉變如此徹底，讓NOI的領導人非常惱怒，因此當消息傳來，一九六五年二月二十一日下午X在紐約哈林區奧杜邦劇院演講時，前排的一名男子起身，從外套掏出一把獵槍對他射擊，這對許多人都是意料中的事。

2

一個人怎麼會明知自己可能會送命，卻依舊改變他長久以來堅持的觀點？是什麼阻止像我們的許多人，即使不需要冒這樣的大風險，依舊不會這麼做？

在我們了解夢幻團隊的旅程中，這或許是最重要的問題。團隊由個人組成，各有不同的觀點和啟發力，為了要讓這些人達到最大的團隊合作，在「狀態」中進步，就得要他們願意考慮和適應他人的觀點。如果我們要一起取得突破的進展，就需要這種彈性。不論我們相處得好壞，如果我們不願在必要時改變我們的想法，還不如單獨作業算了。

但是怎麼才能要人們有那樣開放的態度？

羅耀拉瑪麗蒙特（Loyola Marymount）大學哲學教授傑森．貝爾（Jason Baehr）把開放的心態（open-mindedness）定義如下：

「心態開放的人有以下的特徵，（a）願意並（在一定限度內）能夠（b）超越固有的認知觀點（c）以接受或認真考量（d）一個獨特的認知觀點。」

研究開放心態的先驅威廉．海爾（William Hare）博士則以另一種方式說明：「這意味著要批判性的接受其他可能性，儘管已有成見，也願意重新思考，並誠心嘗試避免限制和扭曲我們想法的條件，抵消這些因素。」

開放的心態不是科學家能藉著掃描你的大腦所能看到的景象，而且就如我在進行我的另一個調查時（容後詳敘）所發現的，我們實際上往往會錯判自己的心胸多麼開闊。一百個人裡有九十八個都自稱心態比一般人開放，但當然，根據定義，這不可能是真的。

幾十年來，心理學家都認為人格五大特質（Big Five）性格測驗是測量開放心態的最佳工具。它會提出一連串問題，比如「對下列說法，你同意的程度如何：我總是預作準備。」或者「我對許多事物都很好奇。」根據你同意或不同意這些問題的程度，你就會得到五大特質的分數：親和性、盡責性、外向性、情緒不穩定性，和經驗開放性。

問題是這個測驗中，決定開放心態的經驗是如「我有活潑的想像力」和「我有很好的點子」這類的事。心態開放的人對這些問題的答案一般都是肯定的，但其他人也一樣。對經驗的開放是願意接受新的訊息，而不是改變我們的想法。願意嘗試新口味的冰淇淋和改變對種族主義的態度或逆轉經營策略有很大不同。

也就是說，典型對開放經驗的個性測驗並不能說明麥爾坎．X為什麼改變了做法，也不能說明為什麼很多人從來不改變自己對由政治到宗教到日常任何事物的想法。X願意和魯斯丁這個想法與他有天壤之別的人辯論他的主張，可是一再的辯論並沒有改變他的想法，造成改變的是其他的事物。

讓我們思索一下麥爾坎改變心態的程度。他由原本主張暴力的種族主義極端傳教士改變為痛斥這三件事：種族至上、暴力分離主義，和對使者以利亞的信仰，這原是他身分認同的一部分，讓他度過了牢獄生活，面對白人種族主義者加諸於他和他家人身上的暴行，它們救了他的命。

這和品嘗新口味的冰淇淋不同。他譴責定義他個人的人生哲學。他由種族分裂主義的極端保守主義轉變為融合主義者和調停人。他由貶抑民權運動變成其團隊中不可或缺的一分子。

如果人格五大特質對經驗的開放測驗不適合測量那種開放性，那麼什麼才適合？答案是心理學家所謂「智識的謙遜」（intellectual humility，簡稱智謙）。如他們所說的，智謙是「沒有威脅的知覺到自己智識上可能會犯錯」，就是願意改變我們的觀點，卻不會因此恐慌——而且到最近，我們已有方法可以衡量它。

如加州佩珀代因（Pepperdine）大學的伊麗莎白．克魯瑞—曼庫索（Elizabeth Krumrei-Mancuso）和史蒂芬．羅斯（Stephen Rouse）兩位博士說：「在斷然拒絕其他人的異議觀點，和面對智識衝突時過快屈服之間，智謙的人能夠找到正確的平衡。」二〇一六年，克魯瑞—曼庫索和羅斯發表了智謙評估表，是一大突破。

要在他們的智謙測驗中得高分，和許多開放的心態有關：對修改自己的重要意見持開放態度、好奇心、對含糊的容忍、低獨斷主義、因為他人的宗教信仰而貶低他們、不因別人改變態度而醜化他們，以及能夠察覺動聽的論點是否為真。[83]

基本上，這是把自己的大腦保持在「狀態」中的能力。

這教人興奮：容忍含糊，減少對他人的批判。智謙不僅僅是改變的能力，而且使人在該改變時更容易正確判斷。如今我們已經知道該如何衡量心態的開放，問題就成為我們如何得到更多的開放心態？

3

聖經上有一位名叫掃羅的宗教人物，他得到權柄，以激烈的手段捉拿並迫害耶穌的

83 讀者可以在 shanesnow.com/dreamteams/ih 上做這個智謙測驗。

信徒。直到有一天，他神奇的改變了想法。他在前往大馬士革的路上，上主的天使顯現在他面前。在那個異象之後，基督徒迫害者掃羅就變成了基督的使徒保羅。終其餘生，他都在宣揚他曾經嘲笑過的信仰。《新約》中有一半都源於保羅和他所影響的人。

麥爾坎．X改變心意的那天並沒有看到天使。但他看到了天堂的主人。

一九六四年，X面臨危機。他得知先知以利亞養了一群情婦，至少生了六個私生子女。以利亞一直在濫用權力，為了自己的利益而向信徒要錢。X懷疑以利亞可能根本不是先知。

他和其他牧師談到此事，再加上其他原因，結果遭暫停職權。在停職期間，X決定要做他長久以來一直渴望做的事——到聖城麥加朝聖。

朝聖之旅必須要穿越沙烏地阿拉伯沙的沙漠，重演先知穆罕默德所建立的儀式，以紀念亞伯拉罕及其家人。壓軸好戲則是來自世界各地的穆斯林大集會，一起和諧的祈禱。

這個經驗讓X十分感動，他在日記中寫道：「伊斯蘭讓所有膚色和階級的人團結在一起，人人都分享自己所有的物品，有的人和沒有的人共享，知道的人教導不知道的人。」

他看到每一種膚色的人彼此親切對待，他看到在美國會被歸類為白人的人「比任何人都更真誠友好。」他看到棕色和黑色皮膚的人微笑祈禱，彷彿他們互相喜歡！[84]

看到這一點時，他的心開始軟化。

一個又一個研究顯示，我們很難磨滅我們對事物的成見，即使面對駁倒它們的資訊亦然。這就是我們保持自我認同的方式。

然而，當我們離開我們的保護身分的地盤時，有趣的事就發生了。

哥倫比亞大學的亞當·賈林斯基（Adam Galinsky）博士及同僚所作的研究發現，旅行的人在「觀念彈性」上表現更好，能夠以多種方式解決問題。[85]他們的研究顯示，旅行也「有助於克服功能固著（functional fixedness）的心理」。

換言之，遠離安全的地盤使我們的大腦更容易重新思考我們的舊觀念。

為什麼會有這種情況？在旅行的環境中時，我們的大腦中發生了什麼？

84　麥爾坎·X當時的身分使他在旅途中獲得了一些其他許多人都沒有的貴賓待遇，然而朝覲（hajj）的過程總體上是一致的，每個人都要做同樣的事，一起分享相同的空間。

85　想法的彈性通常稱為「水平思考」（lateral thinking），是我二〇一四年出版《聰明捷徑》（*Smartcuts*）一書的主題。如果您有興趣，請見shanesnow.com/smartcuts！

發生的第一件事，和人們用外語咒罵比用母語容易是同一道理。華沙大學的研究發現，我們「在家」的語言，在情感上與我們的身分有更多的聯繫，但用外語說話時，在心理上就會脫離我們的身分。當我們置身陌生的地方時，我們看世界所用的鏡片比較不會與我們寶貴的身分聯繫在一起。

這開啟了讓其他事情發生的門。

心理學中有個「平衡理論」（balance theory）的概念，解釋了我們為什麼喜歡或不喜歡牽連的人與事，以及旅行如何協助我們，改變與我們身分相關事物的想法。

平衡理論說，我們的大腦不喜歡不一致。因此，當某些事情失去平衡時，我們的大腦就會調整，讓它恢復平衡。

平衡理論

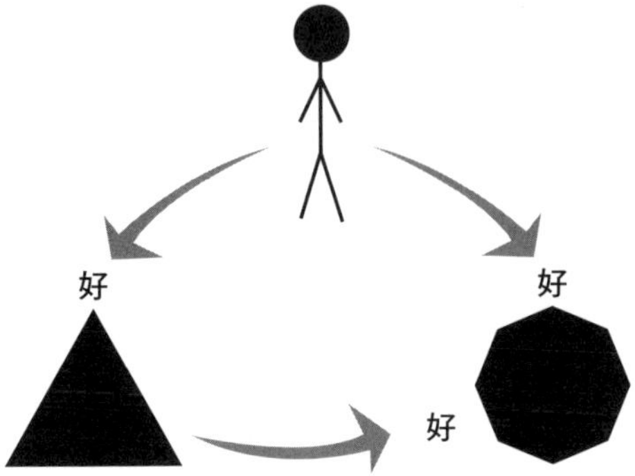

它的作用如下：

假如你有兩個信念，你認為三角形是好的，你也認為八角形是好的，你又發現三角形很喜歡八角形，這對你是好消息，因為你兩個都喜歡，你處於平衡。

然而，如果你發現三角形認為八角形是壞的，你就失去平衡。如果三角形認為八角形是壞的，你就不能把三角形和八角形都當成好的。這會讓你的大腦困擾，除非發生下列兩件事之一。

你得認定八角形是壞的。

要不然你就得認定你看錯了三角形。

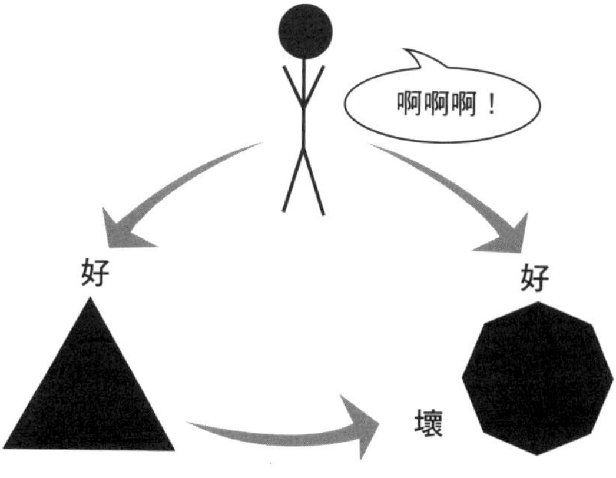

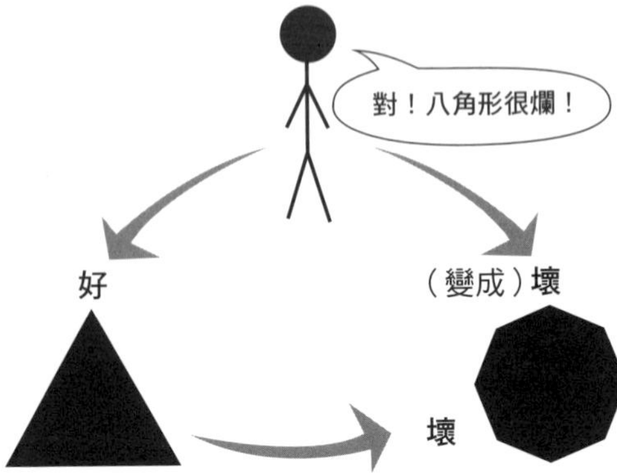
對！八角形很爛！
好
（變成）壞
壞

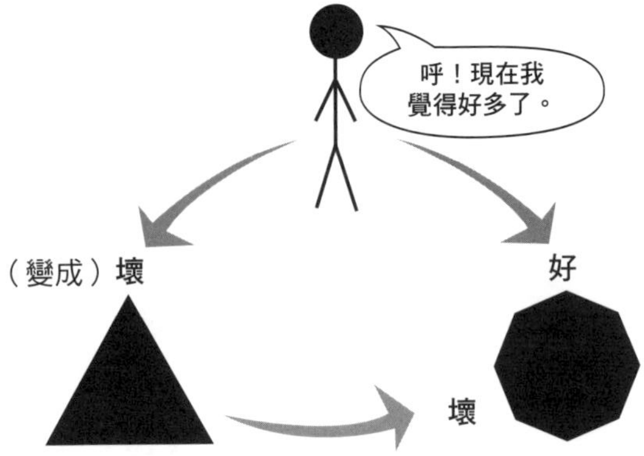
呼！現在我
覺得好多了。
（變成）壞
好
壞

在我們融入不同文化的地方時，往往會遇到和我們的信念矛盾的情況。我們發現我們以往平衡世界的方式實際上可能和這情況並不一致，因此我們面對選擇，不是重新平衡等式，就是切斷我們所關聯的事物——這可能非常困難。

實驗室研究顯示，我們持有偏見的許多事物——在我們看來有負面關聯的事物，就是我們的大腦要重新平衡我們先前信念的結果，而非理性論證的結果。

比如在心理學家提出棘手問題——例如墮胎或動物測試時，人往往會針對他們所信仰的主張，列出更多的論點。但在研究人員敦促之下，大部分的人也能輕而易舉的針對反方，提出額外的論點。賓州大學的研究人員寫道：「人們似乎原本就把這些相反的論點存在記憶之中，只是在第一次被問到時，並沒有把它們提出來。」

當我們離開熟悉的環境在外旅行時，我們的大腦就開始拋開阻止我們適當分析贊同或反對先前信念的障礙。

這可能會導致幾個結果。因為這時我們和自我的關係不再像在熟悉的環境裡那麼緊密，因此旅行經驗可以讓我們輕易改變對事物的看法：

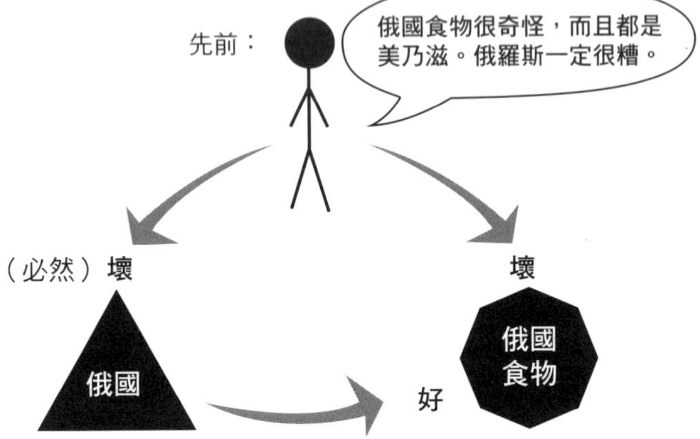
先前：
俄國食物很奇怪，而且都是美乃滋。俄羅斯一定很糟。
（必然）壞
壞
俄國
俄國食物
好

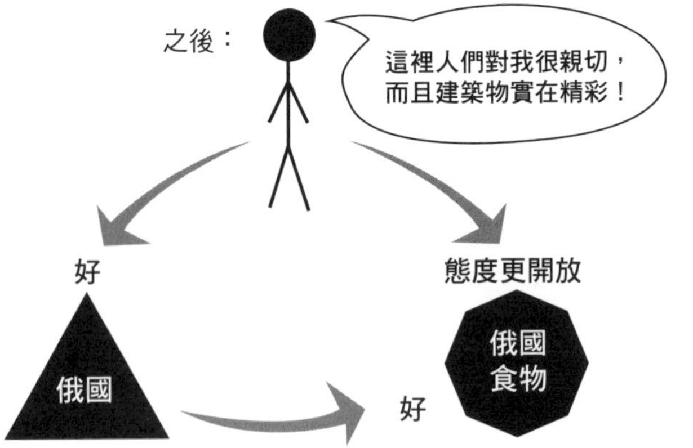
之後：
這裡人們對我很親切，而且建築物實在精彩！
好
態度更開放
俄國
俄國食物
好

到不熟悉的地方去旅遊，會讓我們透過平衡理論，切斷我們大腦自動聯結起來的事物。旅遊讓我們能夠把人和文化去類別化，分離個人和刻板印象，就像老鷹隊和響尾蛇隊在童子軍營地中對彼此所做的一樣。

這是麥爾坎．X去麥加後的重大頓悟。

他寫道：「我……和其他的穆斯林一起，由同一個盤子裡吃，用同一個杯子飲，睡在同一張床或地毯上，向同一個神祈禱。他們的皮膚白到最白，眼睛藍到最藍……這是我畢生頭一次沒有把他們當成『白人』」。它「迫使我『重新整理』自己大部分的思維模式，並拋棄了我以前的一些結論」。

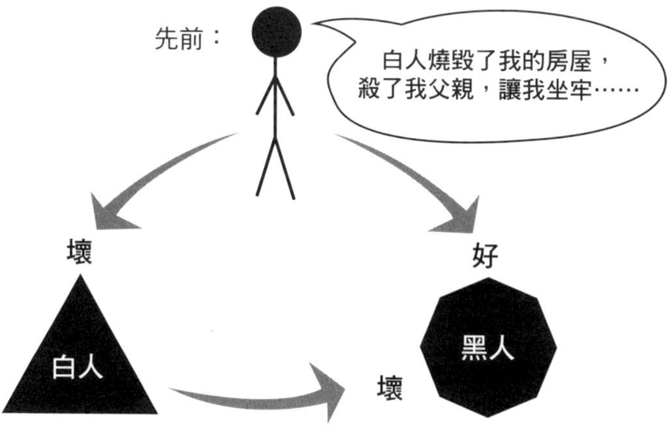
先前：
白人燒毀了我的房屋，
殺了我父親，讓我坐牢……
壞
好
白人
黑人
壞

和許多好白人廝混，覺得和他們有聯結之後，不可能再堅持認為白人都是壞人。X唯一的選擇是，認定穆斯林是壞人，要不然他對白人的概括看法就是錯的。也就是說，他必須打破他的平衡理論循環的元素。

X的女兒後來說：「越旅行，他就越自由。我們全都變得更自由。」

談麥爾坎·X轉變的故事往往在這裡就停了下來。他去旅行，而且就像掃羅一樣，看到了光。然而，馬拉布爾[86]在二〇一一年所著、獲得次年普利茲獎的麥爾坎·X傳記中，卻有個大部分人都忽略的重點，其他資料也證實他的看法。單獨旅行並不足以改變我們的想法。對麥爾坎來說，也一樣不夠。

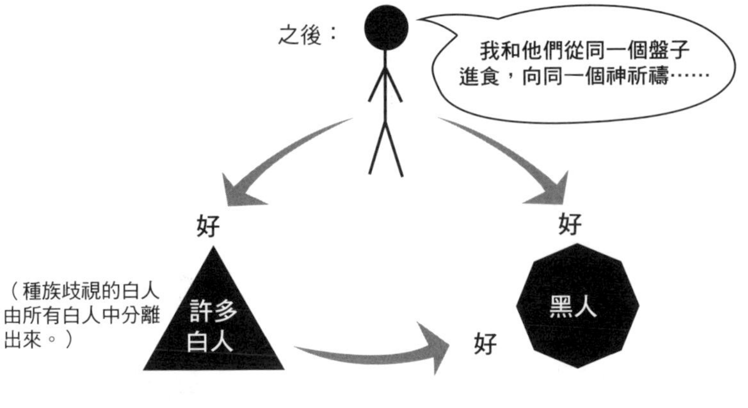
之後：
我和他們從同一個盤子進食，向同一個神祈禱……
好
好
（種族歧視的白人由所有白人中分離出來。）
許多白人
好
黑人

麥爾坎·X由麥加回來後半個世紀，一個來自佛羅里達州南部的年輕白人也作了類似的旅遊，只是過程正好相反。德里克·布萊克（Derek Black）是三K黨領導人大衛·杜克（David Duke）的教子，也是當時舉世最大白人民族主義網站「風暴前線」（Stormfront）創辦人唐·布萊克（Don Black）的兒子。德里克自幼就積極參與白人民族主義運動，寫文章，叩應廣播電台節目，並努力勸服其他年輕人投入種族分離。在他十九歲時，他藉著幾乎毫不掩飾的白人優越主義平台贏得縣級選舉，並且努力讓其他白人民族主義者加入參與公職，以便掌權，對抗全美的種族融合運動。三K黨和其他團體認為他是簡直是分離主義者、反猶太主義者和白人至上主義者的「救世主」。

後來他離家上大學，開始和各種背景、各式信仰的學生交往。他和一位信仰虔誠的猶太學生交朋友，對方邀請他參加安息日晚餐。布萊克後來告訴《紐約時報》：「他

86 遺憾的是，他已經去世了。

只是想讓我看看猶太社區的活動，希望我如果還要繼續發表反猶太的言論，至少要先看過真正的猶太人。」

接著他改變了心態。

和這些不同類型的人一起生活打開他的心胸。他讓自己思考慮以前從沒有想過的資訊，比如否定他所相信關於種族和智商的錯誤「科學」。

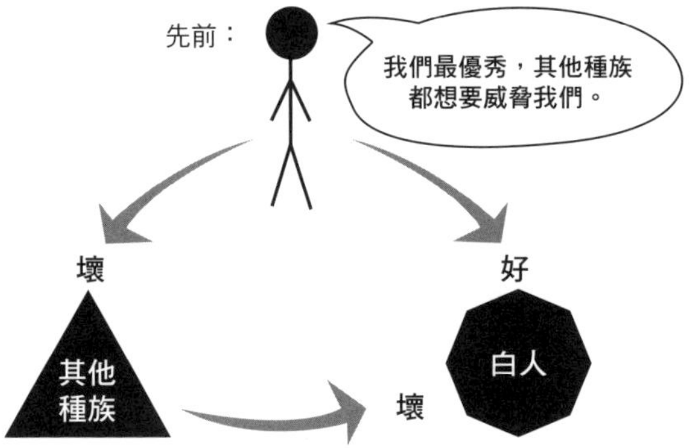
先前：
我們最優秀，其他種族
都想要威脅我們。
壞
好
其他
種族
白人
壞

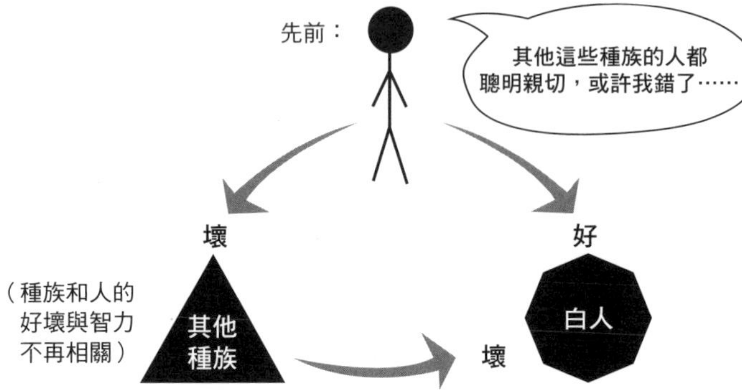
先前：
其他這些種族的人都
聰明親切，或許我錯了……
壞
好
（種族和人的
好壞與智力
不再相關）
其他
種族
白人
壞

「我面對這兩種經歷，有時很難協調，」他說。但平衡理論讓布萊克找到出路，他很快就成了和他以往信仰事物反面的發言人。

這樣的故事令人鼓舞。但當然，很多人都去麥加朝聖，也有很多人都去上大學，但他們的生活並沒有什麼太大的改變。究竟發生了什麼，讓麥爾坎．X和布萊克改變想法？

二〇一六年，我以克魯瑞－曼庫索和羅斯的研究為基礎，擬出其一些問題，作智謙評估，以深入鑽研這個問題。[88]我對全美各地數千人進行研究，探討思想開放不同程度的人以什麼樣的方式生活。

可以想見，我的研究結果發現經常旅行和智謙有很強的關聯，不過還有另一個更強烈的關聯，讓我們了解旅行並改變心態和旅行卻不改變心態的人之間有什麼差異。

原來，實際居住在他鄉的人，比只是去旅遊的人有更高的智謙。在國外生活三至六個月比旅遊十個國家有更強的效果。

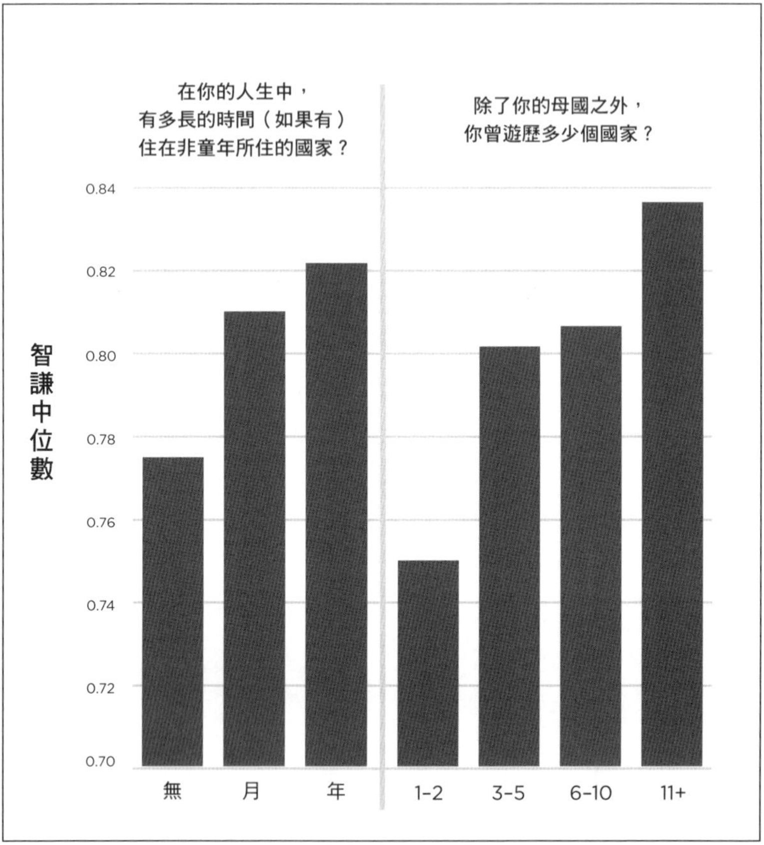

資料來源：shanesnow.com 2017 美國國民調查（Survey of US Nationals）

這印證智謙和對接納新經驗態度的研究結果不謀而合：光是赴其他國家旅遊，以遊客的身分觀察他們的文化，在培養開放態度的效果上不如徹底融入這些文化之中。（除非如上表所示，你走訪許多國家，反過來也意味著你花許多時間在自己的文化之外。）你可以到一個新奇古怪的地方去遊歷，卻並沒有品嘗當地的食物，或者也未能接受當地人生活、說話和思考的方式有其道理的想法。但是生活在某個地方則很難不對其文化更開放一點。

賈林斯基博士和同事發現，在小組研究時，比起未出過國或只是蜻蜓點水去旅遊的學生，曾在國外住過的研究生比較可能會提出跳出框架的解決方案。在海外生活的時裝設計師比其他設計師的作品更有創造力、更成功。

我們可能會說，心胸開放的人本來就可能較常出外旅遊，這可能是真的。然而，我的研究卻發現非常有趣的結果，顯示兩者的關係較沒有那麼密切。並不是每一個智謙高的人都曾經旅行過，但幾乎所有住過多個國家的人，智謙都很高。

透過旅遊開放心胸的關鍵不只是遊歷而已，而是「多元文化」這個觀念，腦中能夠同時存有多種文化觀念，能夠同時接受多元平衡理論圖表。

賈林斯基博士及其同事發現，「雙文化」（biculturals）或認同兩種文化的人，「比同化或分隔的人，在創意工作上表現出更高的流暢性、彈性和新穎性，在工作上更創新。」他們證明來自多元文化的人，或者可以認同兩種以上文化的人，在工作上比較能運用水平思考——思想開放的運用。[88]

事實證明，當一個人的大腦使用多元語言時，這人的心胸就會變得更加開放。

並不是說要真的打開人腦來檢視，但神經學家發現，會說多種語言的人大腦外觀確實不同。學習多種語言讓我們明白，說一件事不只一種正確的方法，而我們從小到大說某件事的方式也許不如別人的方式精確。這讓我們的大腦在構造時能在語言上更謙遜。語言學家蓋布瑞兒．霍根－布倫（Gabrielle Hogan-Brun）解釋：「比起使用單一語言的人來說，使用雙語的人左頂下葉皮質密度較高——這個部位和處理語言、形成概念、抽象思考息息相關，而且隨著語言能力的加強而更稠密。」

這種大腦構造的變化，使我們在了解其他人時會投入更多的情感，減少喪失的恐懼——亦即在理智和杏仁核的鬥爭中有更多的進展，並且在改變想法時有更多的理性。我們越調整平衡理論圖表，大腦的變化就越大，未來就更越容易調整它。

換句話說，智謙的關鍵，就是增加我們自己頭腦中的認知多樣性。

麥爾坎·X前往麥加朝聖時，他的自我已經受到了一些打擊。他遭自己所屬的清真寺排斥，而且他也想到說不定以利亞沒有他號稱自己擁有的一切答案。

從X做毒販到他第一次轉變，成為傳道人，我們知道他有能力改變心態。但多年來他的觀點已經硬化，他的心對許多人也硬化。

麥加之行使他的心開始軟化。但如果閱讀他在一九六四至閏年的信件和訪問和講道，就可明顯看出X後來五個月到非洲居住，才是真正開啟他大腦的契機。

X赴麥加朝聖後，在美國逗留了一段時間，構思新想法。接著他赴迦納、埃及和其他非洲國家，培養更多文化的觀點。就是在那裡，X全盤接受日後他的新戰鬥口號。他

88 經濟學人智庫（Economist Intelligence Unit）的資料顯示，多元文化的商業團體中，有三分之二更能創新。歐盟的DYLAN計畫則發現，使用混合語言的工作團隊更可能解決問題。在我們花了這麼多時間研究問題山峰之後，現在這點應是意料中事。

明白：為平等奮鬥並非只限民權而已，而是為了人權。

馬拉布爾在他所著的麥爾坎．X傳記中寫道：「（X的）中東和非洲經歷大大的拓寬他的心智，而與非洲本身的親密關係，它的美麗、多樣性和複雜性，有助於麥爾坎改變。」

X自己寫道，在與「成千上萬不同種族和膚色卻以待人類的方式待我的人」同住之後，他對種族的理念起了變化。

4

種族主義者第二度燒毀麥爾坎．利圖的房子時，他三十九歲，不過這回他並不意外。他知道改變想法，和伊斯蘭國度分道揚鑣，原本就有危險。但不論如何，他還是這樣做了。

在X和伊斯蘭國度決裂之前，他已經成為建立聯盟的精彩案例。他用對共同敵人的痛恨，吸引聽眾來聽他的演講，然後再以這些演講作為平台，把他對伊斯蘭國度的超常價值的觀點傳播給群眾。

不幸的是，在他的價值觀起變化時，過去的盟友轉而攻擊他。房子燒毀後，X搬到飯店去住。他繼續興建他在皈依遜尼派後開始建造的清真寺，並為非宗教組織工作，提升人權。就是在為這目的的一次公開演講中，一幫伊斯蘭國度的成員（可能和執法人員暗通消息，這些執法人員雖然知道X已經改變了觀點，卻依舊恐懼他）就在他的親人和朋友面前射殺他。

麥爾坎．X的自傳後來銷售數百萬本——儘管他的人生有一小部分是依照正統伊斯蘭教的教義生活（其實大家愛讀他的自傳，多半是為了他人生的轉變）。X的教誨將影響到數千萬人，讓世世代代更了解種族主義、人權、非裔的文化和一個「被打擊和虐待了幾個世紀」民族的觀點。

儘管X英年早逝，但他對推動民權的夢幻團隊卻做出莫大的貢獻。這個運動需要X的認知多樣性，他對美國北方貧窮黑人的觀點，他的自我授權和自傲，以及他對激勵和動員的啟發力。他與主張和平的魯斯丁，雄辯滔滔的金恩，和其他許多人的觀點和啟發力結合，讓這個運動取得歷史性進展。

由後來發生的歷史來看，光靠一群憤怒的分離主義者，不可能讓民權運動成功。它需要溫和派、自由派和保守派一起動員；它需要這些人和各個種族的人攜手，做為一個團隊一起戰鬥。它需要麥爾坎．X在非洲生活時所領會最強烈的頓悟：

「分離不是非裔的目標，」他遇刺前不久，在芝加哥市民歌劇院（Civic Opera House）向滿座一千五百名聽眾說：「整合也不是目標。它們都只是方法，為的是要實現真正的目的──像一個人一樣，受到尊重。」

唯有那樣的尊重，才能讓人類的超常群體融合在一起。X在旅途中的日記寫道：「真正的信仰者認得出人性的單一性。」

為了達到那一點，X必須讓自己處在能夠讓心靈面對真相的環境──這個世界並不是非黑即白，像三K黨、伊斯蘭國度或平衡理論要他認為的那樣。

金恩博士說，X遇刺是「巨大的悲劇」，剝奪「潛在偉大領袖的世界」。

這教人吃驚，因為多年來金恩和X在理念上一直都站在對立的立場。在X去世前幾個月，他變得比較不那麼暴力，比較像金恩，但他仍然比金恩歷來的表現都更強硬。

這些年來，儘管金恩並不同意X的想法，卻仍然尊重X。隨著時間的推移，金恩也開始因為X，而改變一些自己的想法。金恩在後來的演講裡談起黑人的自尊，這是X一直在推廣、而先前民權運動並未多著墨的重要理念。在金恩遇刺前不久，記者大衛．哈伯斯坦（David Halberstam）報導：金恩「就像非暴力的麥爾坎・X。」

作家詹姆斯・孔恩（James Cone）說，金恩是政治革命者，而X則是文化革命者。而這個文化革命最後也成為金恩政治理念的一部分。「麥爾坎改變黑人對自己的想法。在麥爾坎出現之前，我們都是黑鬼（negroes）。在麥爾坎之後，他讓我們成為黑人。」X改變想法，使得他能推動民權領袖走得比他們憑藉自己能力走得更遠。而X開放思想的個人旅程也使他成為這個運動所需的催化劑。

由關於X和金恩的大量書籍和文章，可以清楚的看出他們都有很高的智謙。兩人都願意在需要時改變、接受和堅持。金恩能夠運用這點——和麥爾坎・X的貢獻，建立夢幻團隊的人才和理念，終能讓民權法案獲得通過。

✖

對麥爾坎・X這個話題，我承認我的說法是老生常談。在長大成人的過程中，我最先是因為他不再把白人叫作魔鬼而喜歡他。但是在我深入研究他的故事時，我的心理也發生變化，讓我接納他訊息的其他部分，讓我不只因為自己身分的個人利益而愛這個人。

我對麥爾坎．X改變看法，但也許更重要的是，我也因為他而對尊重和合作的藝術改變看法。在我的智謙資料背後有一個教人驚訝的原因，告訴我們為什麼——以及在我們及其他人身上培養開放思想的關鍵，並不需要踏遍世界的特權或經費，就能辦到。

第七道「夢幻團隊」的魔法

．智謙

智謙是「沒有威脅性的發覺到自己在智識上可能犯錯」，也就是願意改變自己的觀點，卻不會因此恐慌；擁有更開放的心態，在該改變的時候容易正確判斷。增加智謙的關鍵，在於增加我們頭腦中的認知多樣性，譬如住過多個國家或是學習多種語言。

第八章 催產素，一個愛的故事

「我承認——我恨他！」

1

中村文子（Fumiko Nakamura）和她丈夫竹熊（Takekuma）在槍口下被趕出洛杉磯的家時，從沒料到他們的兒子喬治（武井穗鄉）有朝一日會成為名氣響噹噹的人物。

這個年輕的家庭和他們所有的日本鄰居像牛群一樣被驅趕在一起，關進馬廄，接著被送進集中營。但即使沒有發生這件事，喬治想要出名的機會也很小。其實一九四二年在加州，不僅僅是恐日的最高點，也是一般美國人對亞洲偏見的最高峰。

當時人們認為在亞洲出生的人沒有同化的能力，因為法律規定，在亞洲出生的人無法入籍成為美國公民。出生在美國的亞裔孩子雖然生來就是美國公民，但他們很少能從事白領工作，甚至也很難在自己的社群外工作。幾十年前，加州一直是美國史上最大規模私刑的地點，受害者是中國移民。自十九世紀中期以來，中國人和日本人都位居加州社會階梯的最底層，和韓國人，菲律賓人，越南人和印度人為伍。

當時有很多刻板印象。英國小說家薩克斯．羅默（Sax Rohmer）構思的反派人物「傅滿洲」首次亮相，他把這個角色描述為攻於心計、沒有靈魂、狡猾但粗率，是西方人對難以捉摸的東方所有疑心的象徵。[89]

另外還有陳查理，是虛構的華裔美國偵探，他用亂七八糟的文法堆砌華麗的詞句。他身材矮胖，不會讓人感到威脅，經常因為他偏偏就是中國人而表示歉意。他既像主角又像丑角，代表在白人理想中，每個亞裔應該有的恭敬少數族裔態度。

一九四一年十二月七日，日本帝國襲擊珍珠港的美國艦隊，喚醒沉睡的巨人，也就是美國的戰爭機器。於是大量的反日政治宣傳湧現。日本人是猴子、「黃色」、非人類。日本女人不是小老婆、藝妓，就是女僕，是不會思考的東洋娃娃，是男人的附庸。珍珠港事件之後，羅斯福總統犯下畢生最大的錯誤。他簽了行政命令九〇六六，允許軍方在未經審判或正當法律程序的情況下，囚禁十二萬日裔人士。

這些被監禁的人大多數都是在美國出生的公民，有一半是兒童。當時政府囚禁他們的理由是，日裔公民可能會「同情」美國的新敵人——這個理由表面上就已違憲。國會的委員會後來承認，這個命令「主要是出於種族偏見」。白人企業主很樂見日裔競爭對手遭驅趕監禁，加州強大的農業遊說團體尤其渴望把日裔農民連根拔起，由白人取而代之。[90]

文子是美國公民，在沙加緬度附近出生。竹熊生於日本，他十六歲時移民到舊金山。即使他在這個國家生活了二十多年，也努力供養他的家人，但美國依舊不容許他入籍。現年四十歲的竹熊如今以「諾曼」之名生活，他已經存錢買了房子。然而，諾曼的

89 為了對付這個亞洲的莫里亞蒂（Moriarty），羅默塑造相當於夏洛克·福爾摩斯（Sherlock）的人物恰恰是丹尼斯·奈蘭-史密斯（Denis Nayland-Smith）。這人精雕細琢、勇敢、足智多謀，而且當然是英國人。

90 畢竟美國也在與德國和義大利作戰，但不用說，在整個戰爭期間，懷俄明州參議員亨利·施瓦茲（Henry Schwartz，生於美國的德裔）和紐約代表路易斯·卡波佐利（Louis Capozzoli，生於義大利）的家人可沒有遭到監禁。

美國夢如今破滅了，軍方突襲他所住的社區。他和又名「愛蜜麗」的文子以及他們的三個孩子被「重新安置」到羅爾戰爭重置中心（Rohwer War Relocation Center）：這是座落在阿肯色州東南鄉下沼澤地的一個監獄營地。[91]

諾曼告訴孩子他們「要去度假」時，五歲的喬治已經懂事，知道這個假期沒有選擇的餘地。在營地裡，他會和朋友一起在戶外玩耍，瞭望塔上的士兵則把機關槍對準他們。在營地的學校裡，孩子們背誦效忠誓言。小喬治可以透過窗戶看到有刺的鐵絲網。

「**自由平等全民皆享**。」

三年後，這家人獲釋了。但他們的家已經不見了。喬治後來回憶：「這對我父母是天翻地覆的打擊。」諾曼唯一能做的工作就是到唐人街去洗碗。

小喬治回到洛杉磯的學校，雄心勃勃。他想成為建築師，說不定能當上演員！有朝一日，他甚至可能參政，成為演說家，結婚……

但他年紀太小，不知道自己的機會多麼渺茫。在戰後的美國，亞裔工人的收入比非裔還低，而非裔原本就比白人平均工資低三分之一。小喬治面前的路途艱難。

- 亞裔美國五百大企業執行長？零。

- 亞裔美國電影明星？零。
- 亞裔美國參議員和國會議員？想也知道，零。

種族並不是喬治唯一的障礙。想要實現他的夢想，還有其他的障礙。

他從沒有告訴任何人的障礙。

2

讓我們暫停一下。我想請讀者讀一幾句話。下面的引文來自五位世界級的運動員。

請讀一下，接著我會提出幾個問題：

---

91 這家人後來被轉到加州的圖利湖戰爭重置中心（Tule Lake War Relocation Center）囚禁，直到一九四四年十二月羅斯福總統停止拘留日本人為止。

「沒有人可以為我洗腦，讓我以為舒格．雷．羅賓森（Sugar Ray Robinson）和穆罕默德．阿里（Muhammad Ali）比我更高明。」

「沐浴在我的榮光裡……我是有史以來最偉大的運動員。」

「我統御紐約。我統御這整個城市。」

「我看到我是設計師，我看到我是模特兒，我看到我是電視明星。」

「如果你想獲勝，有時不得不和人有艱難的對話。你知道他們不會喜歡你，但你這樣做是為了團隊。」

光是由這些引言中，你會希望選擇哪一位運動員做你的隊友？做你的老闆？你認為哪一位是較好的團隊成員？

即使是獨自參加比賽的運動員也是團隊的一部分。舉世最好的拳擊手、游泳選手和短跑選手都有教練和助手、訓練師、營養師和經理幫助他們打破紀錄。但正如你所猜到的，最後一句引言是上面幾位選手中唯一真正參加團隊運動的人，巧合的是她也是上面這五位職業選手中唯一一位特別謙虛的人。她名叫卡拉．歐貝克（Carla Overbeck），是一九九〇年代主宰女足壇世界冠軍美國女子足球隊的前隊長。上面其他幾位運動員依次是拳王小佛洛伊德．梅威瑟（Floyd Mayweather Jr.）、牙買加田徑選手「閃電」波特（Usain Bolt）、愛爾蘭格鬥選手康納．麥葛雷格（Conor McGregor）和美國泳將萊恩．羅切特（Ryan Lochte），各個都以傲慢和愛擺臉色而聞名。

梅威瑟？他是令人難以置信的拳擊手，而且他說得對！他可能比阿里高明，他可能比羅賓森厲害。

但他不是好的合作對象。梅威瑟可能有個團隊，但他與其他人處不好。[92]

而另一方面，歐貝克不僅僅是明星選手，也是明星媽媽，她是大學足球隊的共同教練，也是啟發球員的領導人。她還在踢足球時，就因為在路上親自為隊員扛行李而名聲遠播，她也是全隊練習完最後一個淋浴的隊員。梅威瑟和上述其他人雖然都是偉大的運動員，但你恐怕不會想和他們一起參加團體運動。

我們先前提到《華爾街日報》的體育記者華克[93]，在他所著的《隊長班》一書中

---

92 梅威瑟買超跑不手軟，擁有三輛布加迪（Bugatti），還有三個美國職業拳擊年度賽事金手套冠軍。在他是舉世收入最高的運動員時，曾當著兩人年幼的兒子面毆打女友，並警告這些孩子不准離家或撥打九一一，否則「我會打你們」。這是公平的打鬥嗎？世界次中量級拳王和小學生對打？

提到，他發現世上最偉大的體育王朝有一個令人驚訝的共同點：他們的球員，尤其是他們的隊長，都很謙虛。[94]

比如由一九五〇年代後期到一九六〇年代主宰NBA的波士頓塞爾特人隊，「從來沒有一個隊員個人的表現創下歷史紀錄，這段期間該隊十一次打進冠軍賽，其中七個賽季沒有任何一名隊員得分排進聯盟的前十名」，但它卻摧毀了對手。華克指出，尤其塞爾特人隊長比爾．羅素（Bill Russell），是關鍵的合作者，他帶領球隊取得這麼多的勝績，原因就是因為他並不追求自己的榮耀。歐貝克一九九〇年代擔任美國女足國腳隊長，創下名揚四海的連勝紀錄。她在國際賽事中只進了七個球，但卻帶領球隊主宰世界女足壇。在橄欖球、排球、板球，不論什麼團隊運動中，也都看得到叱吒風雲的球隊有這種謙遜的模式。

和北美球員相比，在我們先前所提的蘇聯冰球隊員中，也可以看到這種互動的方式。俄國選手說他們在冰上的任務是作冰球的「僕人」。搶得冰球的球員追求的不是個人的榮耀，而是要餵球給其他隊員。沒有人想要提升他的統計數據，沒有人在乎是誰進的球。沒有人會因為進攻計畫改變或者球迷為別人漂亮的攻勢歡呼而難過。

華克的研究顯示，「如果團隊的隊長不出風頭，在陰影中指揮」，這個團隊較有可能會有出類拔萃的表現。最重要的是，運動界的每一個夢幻團隊，都有像華克所舉出的那樣：「有開放、健談的文化，可以傾訴委屈、討論策略，並且毫不拖延的提出批評。」[95] 謙遜能讓這些團隊進行棘手的對話，卻不致爭吵。你們這樣做，是為為團隊好。

這是否讓你想起我們的朋友迪格斯、武當派的團長？RZA主要的角色是編曲，並創造一個讓團隊成員可以有效競爭，茁壯成長的環境。武當派不怕爭鬥，而且在必要時，RZA會把團隊放在我之前。

尚．拉菲特和傑克森將軍呢？在一段短暫的時期中，也是同樣的想法。ULT和WebCT？布萊和紐約市政府？相同的模式。麥爾坎．X和金恩博士也展現同樣的作法。在每一個案例中，團隊成員都犧牲自己的驕傲和利益，攀登起更高的目標。

93 再一次說明，我對運動並沒有太大的興趣，但這現象卻很有意思！

94 包括願意考慮規則，並以與其他人不同的方式來競賽球。他們之中似乎有相當多的馬克．提甘或奈莉．布萊。

95 據說一九九二年美國男子奧運籃球「夢幻隊」起先練球時，因為隊上大牌球員經常爭執，所以有一段辛苦的時間。但是在魔術強森放棄非得當老大不可的欲望，決定讓麥可喬丹作明星後，一切就順利到位。兩人之間的緊張關係變成了妥協，雖然雙方都未必謙遜，但卻讓球隊走上坦途。

這不僅僅是謙遜；這是智慧的謙遜。它需要開放的態度，並且在改變很困難時，依舊願意改變。

身為個體的複雜性，是使我們有機會一起做出精彩成就的原因。但我們必須願意改變我們的心靈或思想，否則就無法發揮效果。一個團隊的個人成員智謙越高，就越能掌控他們之間的緊張關係，因為他們能夠根據新的觀點和啟發力和資訊作出適應。

在最後這一章裡，我們將深入探究讓人類的大腦變得更智謙的強大工具。我們將開啟我們成為夢想合作者所需的那種開放態度。

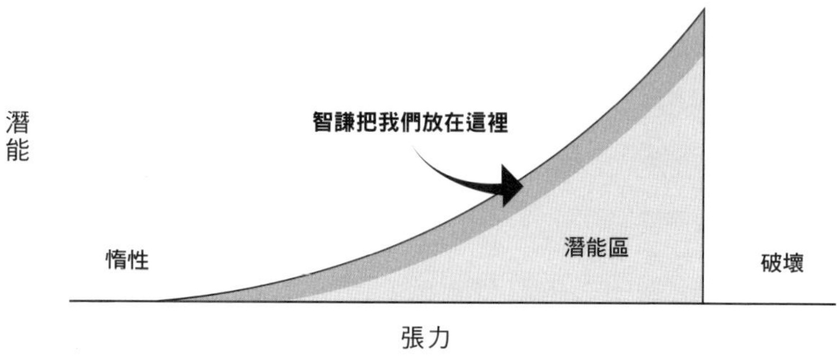

3

在二次大戰開始和越戰結束之間的三十年裡，美國發生了一件奇怪的事：白人和亞裔之間的工資差距消失了。在拘留日裔公民期間，亞洲男性的收入平均比白人同事少30%。但是在一九七五年西貢淪陷，落入北越手中時，美國的亞裔男性收入僅比白人性低5%左右。

亞裔已經成為美國夢中一個奇妙的個案。他們的集體經濟前景已經由洗碗工／可疑的破壞者轉變為白領專業人士。現在有亞裔醫生、律師、教授、商人。從前說過「東方人」有「非裔大部分的惡習卻很少有他們的美德」的報紙，現在卻稱讚亞裔工作勤奮，並有良好的家庭價值觀。在一個世代之間，亞裔由圍著鐵絲網的監獄中庭走向象徵權勢的大理石走廊。

把時鐘快轉到二〇〇〇年，變化更教人矚目：亞裔勞工有了高階工作，他們成為績優公司的副總或執行長，他們成為參議員和州長、好萊塢明星和電視主播。亞裔大專畢業率高於白人、黑人或西裔。

亞裔力爭上游的形象本身就成了一種刻板印象。儘管社會學者警告種族主義和歧視仍然存在，但政治專家已把亞洲奇蹟當成武器，教訓其他族群他們該怎麼做才能成為下一個「模範少數族裔」。

對於像我們年輕朋友喬治這樣的人來說，亞裔翻身是好消息，只是這個政治論點有一個小問題。

他們根本搞錯了情況。

把收入差距由30％縮小到5％是很大的進步，尤其相較之下，非裔的數據幾乎沒有變化。所以究竟發生了什麼？如果主流對亞裔的觀念由一九四〇年代的「墮落」，變為一九八〇年代的「榜樣」，那麼究竟是什麼起了變化？日本人、中國人、越南人、台灣人、韓國人、菲律賓人、蒙古人和馬來西亞人是否突然放棄自己的傳統和文化，轉而支持白人的美國文化？他們是否培養新的敬業態度？

沒有。如布朗大學的納桑尼爾．希爾格（Nathaniel Hilger）博士等經濟學家所做的研究顯示，亞洲人在美國表現得更好，真正的原因並不是因為他們突然有了更好的家庭價值觀，也並不是因為他們突然變得更勤奮。亞洲人並沒有突然由「懶惰」變為「負責」。

這一切只是因為美國對他們不再那麼歧視。

在一個世代之內，同樣勤奮的亞裔做同樣的工作，得到更公平的報酬。在兩個世代之內，他的收入比以往更高。與此同時，拿到同樣成績的同一亞裔學生進入頂尖大學的機率也提高。亞裔成為平權法案（affirmative action，由一九六〇年代起美國為了提升少數族裔在就業、就學時的平等權益，而推出的一系列法案。）的特大號受益者。[96] 隨著更多亞裔由大學畢業，獲得高階職位，形成良性循環。美國對亞洲出生的專業人士越來越有吸引力——超過移民到美國的風險和困難。因此更多有高學歷的亞洲人移民美國。亞裔移民的子女可以在機會幾乎與白人相等的國家長大。他們的遭遇與少年時代的麥爾坎．利圖不同，輔導老師會鼓勵亞裔的高中生「把你的馬車套在星星上」（hitch your wagon to a star，意指要有遠大的志向）。[97]

96 至少在法案頒布的頭幾十年。

97 語出愛默生《社會和孤獨》（*Society and Solitude*），一八七〇年。

經濟新聞記者郭傑夫（Jeff Guo 譯音）寫道：「亞裔——至少其中的一些人，在美國有了大幅發展，但發生在他們身上最偉大的事情並非他們努力學習，或者他們因虎媽或儒家價值觀中受益，而是其他美國人開始對他們更尊重一點。」

但是為什麼？為什麼只有他們？

答案是我們的最後一片拼圖。

4

在美國開始改變對亞裔的看法之後兩個世代，另一種受迫害的群體也發生了類似的大變化：同志。

回溯歷史，同性戀存在每一種文化，出現在舉世的每一個角落。早在公元前三千年的埃及法老，古巴比倫的國王漢謨拉比（Hammurabi），以及中國的周朝，就曾提到兩個男人或兩個女人之間的浪漫愛情。同性戀在亞述受到歌誦，在波斯得到容忍，在古希臘也被人接受。

但在公元前一世紀，同性戀在被羅馬帝國占領的大不列顛被定為罪行，在整個羅馬帝國都視為犯罪。十五個世紀之後，在亨利八世統治期間，宣布同性戀行為可判處死刑。[98]到了十九世紀，同性戀幾乎在各地都是非法行為。

因此，成千上萬感受到同志情懷的西方男女，都把他們對同性的感情當成祕密。[99]

當我們的小朋友喬治在全家解除拘禁後重返公立學校時，他開始注意到自己的不同。他的朋友對女孩感到興奮時，他只覺得困惑。「為什麼他們會覺得女孩那麼有趣？」他疑惑。

---

98 不過這並沒有妨礙國王本人的斷袖之癖。

99 王爾德的審判可能是披露這種祕密的第一個大眾利益案例。在一系列的公開聽證會之後，雖然並沒有針對王爾德任何特定的行為，卻還是判他因同性戀而犯了「猥褻」罪，送入監獄。我們不應錯失這裡的諷刺意味。

可是另一方面，男孩卻……。

喬治的朋友色瞇瞇的盯著時尚雜誌上的封面女郎時候，他卻受到角落裡線條分明肌肉男[100]雜誌的吸引。少年喬治知道這種感覺沒有什麼好處。當時有一半的美國人都認為根本不該准許同志工作。一半以上的人都認為，同性戀活動該去坐牢。

而且在高中，同學們可能會很殘酷。

想想在一九五〇年代置身美國的日裔同志少年會有什麼感受。光憑你的外表，別人就不信任你，也不會認為你聰明。要是他們發現了你的禁忌之愛，恐怕會送你進大牢。你的朋友把你當異性戀一樣對你說話。比這更糟的唯一一件事是，他們發現你不是異性戀。

所以喬治對自己的祕密守口如瓶。

但奇妙的就在這裡，除了愛滋病流行期間，社會大眾對同志權利的支持短暫下降外，一九六〇年代以來民眾對同志的支持一直都在成長，並在二〇〇〇年代顯著上升。不僅僅是東西兩岸自由主義人士抱持這樣的態度，而是人人都如此。認為同性戀冒犯上帝的宗教團體也有越來越多的人樂於接納同志。丕優研究（Pew Research）顯示，每個主要的美國宗教團體成員都有越來越高的比例贊成LGBT（女同性戀、男同性戀、雙性戀、跨性別）平權。

在一個世代的時間裡，大多數美國人都認為：與他們不同的人可以愛他們想要愛的人。至少大家的想法變成：這些差異不應該讓他們失去權利。

該用什麼來解釋這種現象？在前一章，我們了解到赴國外旅行和生活，有助於開放我們的思想。但是在一九四五至二〇〇〇年間，對亞裔移民改變看法的數百萬美國人並沒有放自己一年的假到亞洲去生活一年。另外，也並沒有神奇的海上同志樂園，讓異性戀的美國人了解同志並不那麼可怕。[101]

100 毫無疑問，就像本書作者一樣。

101 要是有，我一定要走訪那個地方！

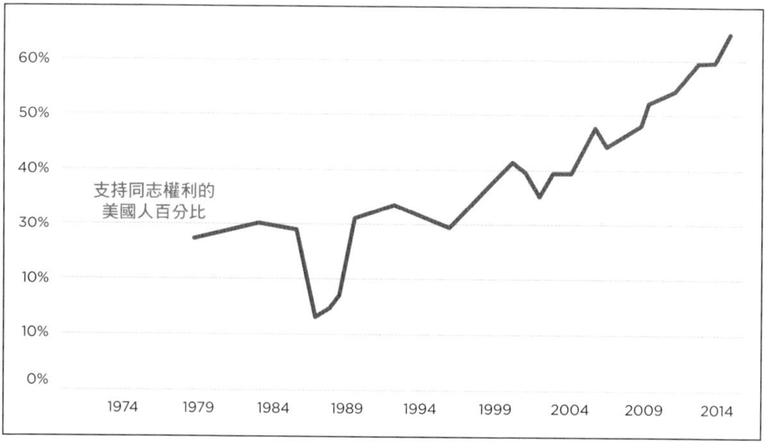

這兩種態度的變化發生在不同的時期。而如非裔、阿拉伯裔和西裔等族群的運氣要差得多。

然而，推動美國人心理這兩個轉變的主要因素，卻是同一個。

5

幾年來，喬治要成為名演員的夢想一如既往遙不可及。他取得建築學位後，去上戲劇學校，並開始試鏡。在一九五〇年代末和六〇年代初，好萊塢的日本男演員可以獲得的角色大都不怎麼高明：歇斯底里的傻瓜、討人厭的傅滿洲類型。喬治厚實低沉的嗓音讓他得到為日本電影《哥吉拉的逆襲》（*Godzilla Raids Again*）做英語配音的角色時，他不禁欣喜若狂。但他仍然是逆流而行。

喬治並沒有告訴別人他是同志。他的寬厚的下顎和深沉的嗓音是好萊塢黃金時代異性戀的理想特色，因此他也將錯就錯。

當時，電視總把同志描寫成暴力罪犯或精神病患。在一部早期的電視劇《醫門滄桑》（*Marcus Welby, M.D.*）中，有一名男子因憂鬱症和糖尿病來看醫生，主角韋爾比醫生診斷他是「同性戀」，但向他保證，有朝一日他會變得「正常」。其他劇集則把同志形容為戀童癖（pedophiles）和強暴犯。至於女同志，我在電視上找到的第一群女同志角色是《紅粉金剛》（*Police Woman*，一九七四至一九七七八年NBC劇集）電視劇中的殺人凶手。當然，這些劇情都忽略一個事實：同志的殺人強暴率並沒有比一般人高。

隨著時間流轉，電視上的同志情節變得更加寫實。在一九七二年製作的電視電影《那個夏天》（*That Certain Summer*）裡，馬丁．辛（Martin Sheen）和哈爾．霍爾布魯克（Hal Holbrook）飾演祕密同居的男士。另一個早期的同志角色是肥皂（*Soap*）中的比利．克里斯托（Billy Crystal）。[102]克里斯托在劇中可愛迷人，不過他的角色主要是在考量變性的想法，彷彿同志都想要變性似的。

雖然在社會對同性戀的觀感這方面進展緩慢，叫人不快的刻板印象依舊存在。但隨

---

102 法國電影至少早在一九五七年的鬧劇《鴕鳥有兩個蛋》（*Les Oeufs de l'autruche*），就有同情同志的角色——雖然同性戀並未在銀幕上真正出現。一九六四年的《特別的友情》（*Les amitiés particulières*）改編自一九四三年的同名小說，更加真實的描繪在法國天主教寄宿學校中的男孩情誼。

著時間推移，同志的角色獲得更多同情，有關這些角色的播出時間也增加。有許多粉絲的艾倫·狄珍妮（Ellen DeGeneres）在1997年出櫃時——既是代表她自己，也是她的飾演的艾倫·摩根（Ellen Morgan），共有四千二百萬人收看。情勢已經轉變，同志成了主流。各大電視網開始播放更多有經常性同志角色的節目。

隨著對同志持正面態度的人數量增加，我們在電視上描繪同志的方式也變得正面，這不該教人太意外。根據班·舒密特（Ben Schmidt）和伊瑞茲·艾迪恩（Erez Aidan）的書蟲計畫（Bookworm Project）資料，由一九六五年迄今電影和電視劇中「同性戀」一詞的增加情況，而同期影視節目中批評同性

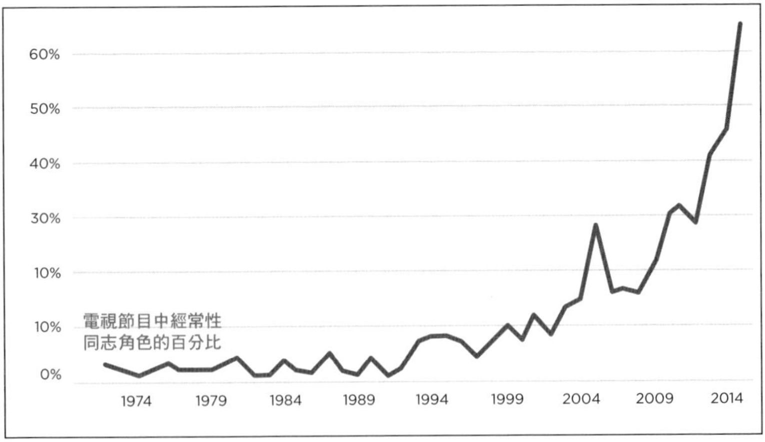

戀的比例則下降。

在這些圖表中，隱藏一件耐人尋味的事。如果我們把它們和我們的第一張同性戀接受里程碑圖表並列，並考慮劇本寫好和真正上演之間的時間間隔（可能需要數年），就可以看到情況逆轉了。好萊塢沒有落在接受同性戀之後，而是走在這股風氣之先。

或許我們會由此結論說，在面對社會問題時，好萊塢在，好萊塢只是略微領先。

但在通常的情況下，還有更有趣的事情發生。

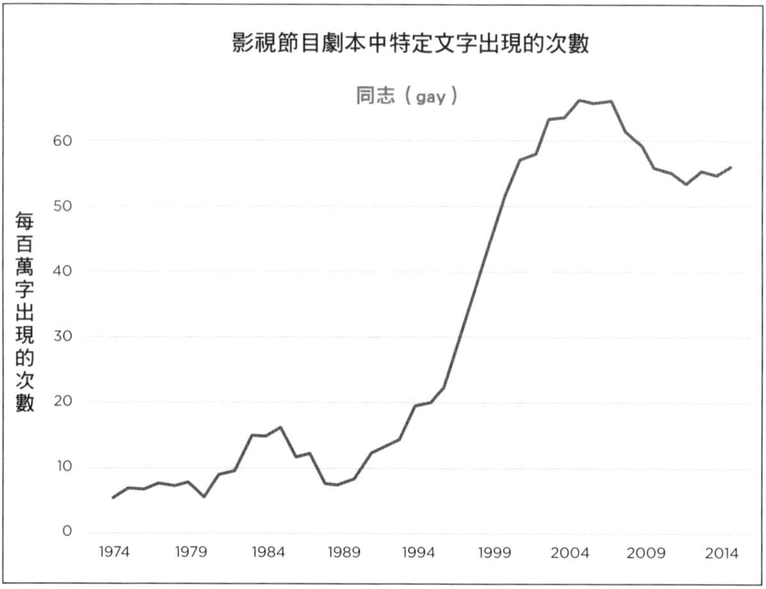

資料提供：Ben Schmidt 及 Culturomics.org

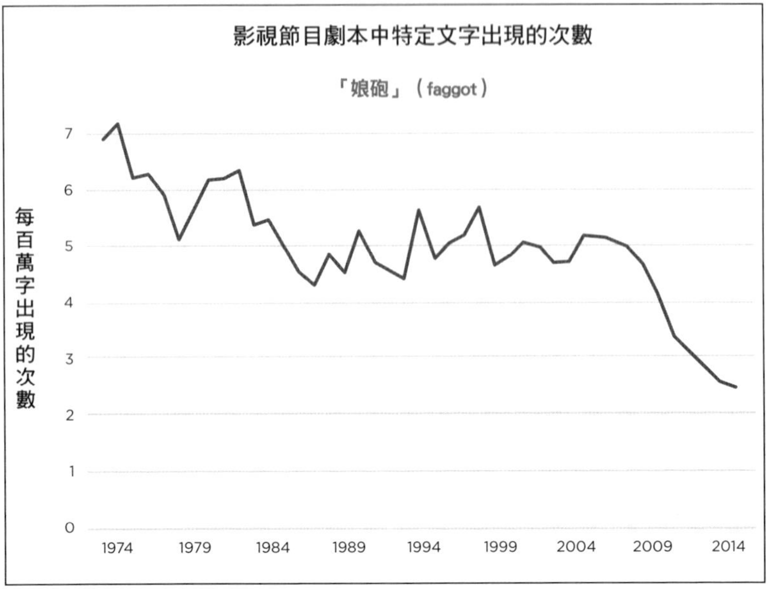

資料提供：Ben Schmidt 及 Culturomics.org

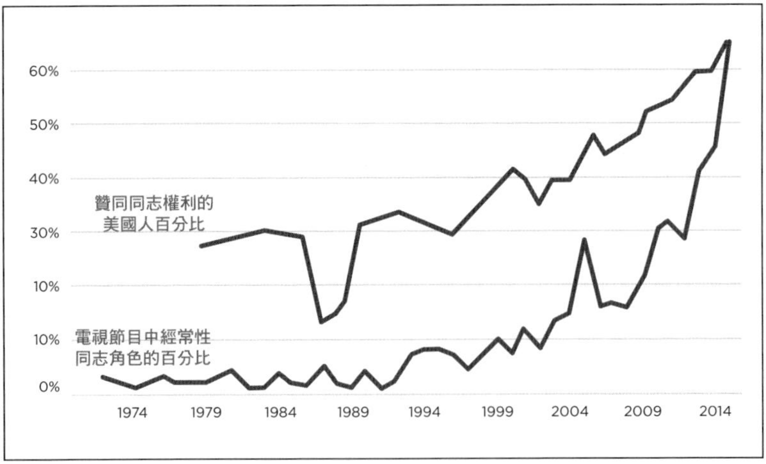

資料提供：Ben Schmidt 及 Culturomics.org

6

艾倫出櫃十年後，有一群人上戲院，嘗試不尋常的電影體驗。播放的電影是最新的〇〇七電影——由伊恩·佛萊明（Ian Fleming）創作的英國情報員系列。但有一個附帶條件！看這部電影時不能像平常那樣喝可樂吃爆米花分心。這群特別的觀眾看電影時，要把自己連接到一組設備上，由這些設備的外觀看來，簡直就像是由Q先生的實驗室製出來的一樣。

這項科學實驗背後的人是克萊蒙特（Claremont）大學的神經經濟學家保羅·薩克。就在觀眾看到龐德和惡棍糾纏，面臨災難時，薩克看了他所謂的「驚人的神經芭蕾」。龐德電影的情節，他所使出的各種手段，改變觀眾大腦中的活動。

這樣的大腦活動使他們的身體產生奇怪的反應。在龐德沿著建築物的邊緣側身行進，壞人逼近之時，觀眾的心跳加快，掌心冒汗。當龐德險象環生之際，觀眾的大腦表現出恐懼。在龐德面臨進退兩難的困境時，觀眾就像自己面臨困境一樣緊張。他們安全的坐在舒適的椅子上，卻在腦海裡演出龐德的劇本。

當然，幾乎所有的人都常有這種體驗。[103]如果你看電影，或去看棒球比賽，或安慰過朋友，你就會感受到它。可是為什麼我們會有同理心？為什麼我們——或多或少都會感受到我們想像其他人正在感受的感覺？

薩克博士的龐德實驗證明教許多人感到驚訝的事物，而有一種神經化學物質恰巧就是這種情緒鏡像的原因。這是一種小分子，名為催產素。先前我們知道催產素在懷孕和哺乳期間會發揮作用，但在其他方面則不然，和動作片更不相干。

但薩克卻發現，這種分子是我們接納他人，對他們的想法保持開放心態的關鍵。

「在我們受到信任，或者有人對我們表現出善意時，我們的體內就會產生催產素，促進我們與別人的合作，」薩克解釋：「它藉由增強我們體驗他人情感的同理心，達到這一目標。」當然，同理心對於我們人類的生存至關重要。正如薩克所說：「它讓我們了解其他人如何對某種情況作出反應，包括與我們一起工作的人。」

為了證明這一點，薩克讓人們吸入合成催產素，然後觀看慈善機構的電視廣告。受測者可以捐款給任何一個慈善機構。結果呢？吸入催產素的人捐款給作廣告的任一慈善機構的比例提高了57%，而且他們捐贈的金額也比其他人多56%。總體而言，吸入催產素的人們更關懷慈善廣告裡的人。

更有意思的事在後面。薩克隨後又做了同樣的慈善廣告實驗，但這回他沒有讓受測者吸入任何東西。他想了解人們之間哪種自然互動會導致催產素的分泌。在現實生活中讓我們的大腦分泌更多催產素的原因是什麼？

他發現的是，對其他人抱著開放態度、最奇妙又最實用的神經科學基礎。

從事後來看，這個啟發很簡單。薩克博士在實驗中讓受測者看兩種慈善廣告，一種是敘述性的講述故事，另一種是沒有故事的廣告。例如一位父親談他罹癌的孩子如何和病魔奮鬥，或者動物收容所員工描述寵物遭到虐待的情況，和兒童罹癌或寵物遭虐比例的統計數據廣告。薩克發現有故事的廣告會促使人們捐出較高的款項，遠超過只有硬梆梆數據的廣告。他分析受測者的血液時，發現看過故事廣告的人，血液中催產素的量較高。故事刺激大腦分泌催產素。

在〇〇七的實驗中，除了心跳加快和手心出汗之外，薩克的儀器也顯示觀眾的大腦產生更多的催產素。薩克的實驗室透過這項調查及類似的研究發現，只要人經驗到由人物角色主導的故事，大腦就會產生更多的催產素。

103 大約由兩歲開始，雖然可能提前或延後，因人而異。

薩克博士雖然並非刻意尋覓愛情靈藥[104]，但卻在無意中發現千百年來詩人已經知道的化學解釋。

故事讓我們墜入愛河。它們建立關係，並讓我們關懷。

這個想法可以追溯到我們甚至還沒有筆可以寫故事之前。在史前社會中，神話和故事就是我們共同身份的化身。它們讓我們更容易一起工作，共同生存。在沒有Google日曆的世界中，故事讓我們包裝並保留資訊。我們部落日常的細枝末節——以及我們部族的價值觀和知識傳說，都是藉著口耳之間，代代相傳。建立和故事的關係並記憶故事，也就被納入我們不斷增長的大腦裡。[105]

雖然故事是包裝資訊的好方法，但它們也為我們應該關注的人和事物提供線索。關懷這一部分是催產素的工作。如果這故事是關於一個人——這個人的合作可能對我們的生存很重要，那麼我們的大腦就會產生幫助我們記住那個人並關懷他的活動。就某種程度而言，催產素的作用就是讓我們的身體模仿部族同伴所做的事情——由呼吸到出汗到肢體語言到情緒。如果某人是我們部落的一員，我們的大腦就會希望我們和他們一起生存、奔跑、跳躍和記憶。

同性戀電視史上的一個重大時刻是二〇〇九年電視音樂劇《歡樂合唱團》（*Glee*）新出現的角色柯特·哈默（Kurt Hummel），由克里斯·寇佛（Chris Colfer）飾演。柯特並不是什 麼象徵人物。他是個普通的尷尬少年，在成長的過程中逐漸接受自己的不同——這是每個青少年和曾經是青少年的人都可以建立關聯的過程，不管是不是同志。他直率、敏感、勇敢、有魅力。隨著故事情節的發展，柯特必須在學校面對霸凌，向父親坦承自己的性向，並接受一連串教人迷惑的感情。《歡》劇為數以百萬計的觀眾提供窗口，讓他們了解同志在生長過程中的真實感受。而且正如身為同志的記者亞歷山大·史蒂文森（Alexander Stevenson）所說：「柯特不僅僅是一種聲明、故事情節或用來於建立群體多樣性的配角，他是個人。」

關於柯特的故事，重點是：描繪像他這種角色的電視劇並沒料到美國人對同性戀

105 104

他聲稱的。

而且由於故事需要我們更多的感官投入，因此它們也會讓我們更牢記這些訊息。科學家有一種說法：「一起發射的神經元會連接在一起。」這表示在我們透過故事來學習某些事物，例如喚起圖像和情感時，會啟動更多的神經元，讓我們的大腦更能保留這些訊息。

者的態度會有正面的轉變，實際上他們促成了這種轉變。《好萊塢記者》（*Hollywood Reporter*）雜誌的研究發現，看過《歡樂合唱團》或《摩登家庭》（*Modern Family*，兩個同志父親的故事）的美國觀眾，有27％都表示看這些節目讓他們比較支持同志的權利。

非同志的民眾接觸到越多的同志故事——像我們一樣有思想、感情和家庭和欲望和掙扎的人，社會對他們就越同情。催產素是學習過程的一部分，讓我們能夠將心比心，幫助我們關懷。像這樣的故事使得數百萬人擺脫同志可怕的刻板印象——外團體，視他們為人類：我們超常內團體的一員。

即使如同志婚姻這樣的政治問題依然存在，但看過同志讓人同情故事的人，卻變得比較願意與他們合作。在二〇一五年的電視影集《打不倒的金咪》（*Unbreakable Kimmy Schmidt*）中，同志角色泰坦斯．安卓羅梅登（Titus Andromedon）大受歡迎，此時只有不到19％的美國人表示周遭有男或女同志會教他們覺得不快。認為應該立法禁止同性戀的美國人比例由一半降到四分之一。90％的美國人表示他們會對同志（如業務員）感到同樣自在。超過70％的人表示他們能接受同志醫師、總統任命的同志官員或同志軍人。恐懼和歧視雖然並沒有消失，但開放的態度在一個世代之中成長了一倍。

這並不是說異性戀的美國人有什麼值得讚揚的。同性戀獲得接受包容，最大的功勞當然應該歸於勇敢的升斗小民（包括大量的娛樂業幕前或幕後的人物），即使他們知道自己可能會遭譴責，依舊勇於告訴世人他們是同志。調查顯示，認識真正的同志和改變人們的態度有很大關係。

在我們認識某人時，產生了什麼真正的變化？我們分享故事，我們重溫過去的悲喜劇，我們聊起我們正在經歷的一切。在餐廳，在酒吧，在休息室，在餐桌上。

只可惜故事的力量也有黑暗的一面。它與我們在上一章中學到的平衡理論有關。在大半個十九世紀和二十世紀初，亞洲人在美國的故事對一般人對亞洲人的觀感產生巨大的影響，而且不是有利的影響。

當時的書籍、廣播節目和初期的電視節目把亞洲人描繪得不是邪惡，就是無知。這讓學校和企業主有了藉口，拒絕給他們機會。日本人轟炸珍珠港讓美國政府以真實故事假裝成託詞，監禁十二萬日裔公民。

請注意這些決策中缺少資料。故事凌駕在邏輯之上。人們經常用道聽塗說來扼殺統計數據？「我在網路上看到有一個人……」106

這是經典的平衡理論：

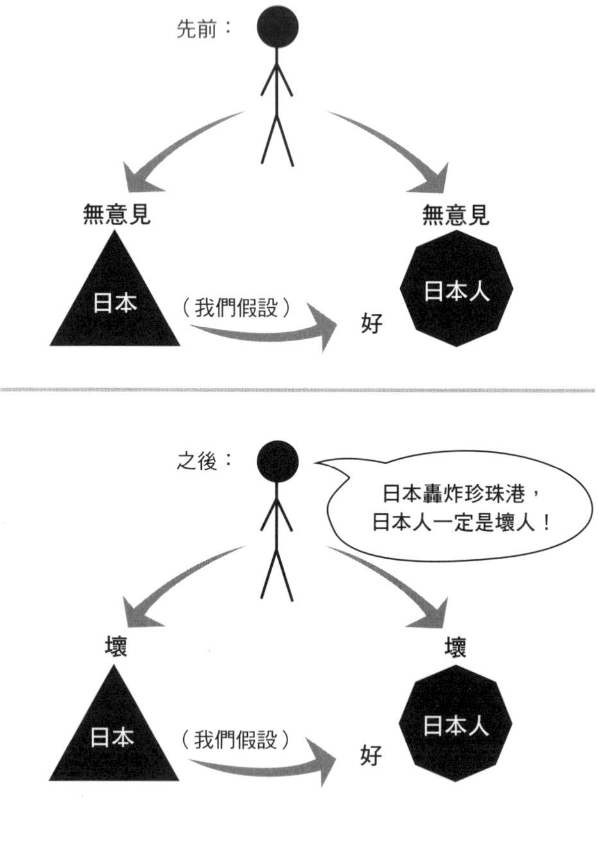

這是錯誤的邏輯。歪斜的平衡把一個可怕的故事變成大規模的罪行。可惜的是，它的效果很大。因為關鍵在這裡：

可怕的故事非但沒有讓我們分泌催產素，反而讓我們的大腦有藉口啟動杏仁核。

這種效果最教人震驚的例子發生在越戰期間。美軍領袖向士兵他們講述邪惡越共的故事後，美軍殺死數千越南人民。一九七一年，約翰・蓋曼（John Geymann）下士告訴媒體，部隊受到教導：「不管你們對他們做什麼都不會有任何差別；他們不是人。」

史學家尼克・圖爾斯（Nick Turse）由美國國家檔案中找到堆積如山的越戰罪行證據，他說：「他們的想法是，越南人不是真正的人。」士兵由接受基礎訓練開始「就被告知，『永遠不要把他們稱為越南人。稱他們為「外國佬」（gooks）或「亞洲佬」（dinks）、「亞佬」（slopes）、「越佬」（slants），吃米的人。』任何剝奪他們的人性、

106 提到這點，我必須很遺憾的說，《好萊塢記者》報導有一名男子指控喬治在一九八一年性侵。喬治否認，原告後來說他的指控被媒體誇大了，其實並沒有發生任何罪行。然而，世上大部分人都只會記得起先的故事。

去人性化的名稱，讓他們很容易把任何越南人——所有的越南人，都當作敵人。」

這導致強暴婦女，處決兒童和老人，並把平民當成標靶練習。而這反過來導致殘酷的報復，最後成千上萬的士兵帶著創傷後壓力症候群回家，無法忘記他們所見過的一切。

這種情況在戰爭史上屢見不鮮。要凝聚大家向其他人做難以啟齒的壞事，最有效的方法就是用能夠剝奪對方人性的故事。

這不是早先伊斯蘭國度教導非裔民眾說白人是魔鬼的故事嗎？如果白人不是人，那麼痛恨白人又有什麼不對？雅各創造白人的那個故事確實造成很大的改變。麥爾坎．X和其他離開或改革該教派的人後來都感到懊悔，因為他們用的手段，叫人想到種族主義者白人剝除黑人人性的行為。107

非人性化的故事也是恐同的基本要素。權威人士用許多傳言故事來支持「同性戀不是人」的論點，因此同性戀不受憲法的保護。其他把同志非人性化的故事包括早期的恐怖電影，把怪物隱隱描繪成同性戀，還有其他會攻擊人的同志把直男變成男志的荒謬故事。這些毫無根據的故事就和吸血鬼、盜腎賊和尼斯湖水怪一起，在民間傳說中流傳。

故事有力量。故事可以啟動催產素和同理心，也可以誘發原始的恐懼。故事就像火、像鋼、像核能一樣，可以用於邪惡或善行。

在「善行」方面，我們找到了賓州州大的沈立江（Lijiang Shen，譯音）博士。二○○○年代後期和二○一○年代初，沈博士設計一套很酷的科學實驗，受測者坐著觀看關於香菸危害的公共服務公告。其中有些人看的廣告是我們熟悉的恐嚇手法——氣切、截肢等，另一些人看的廣告則是讓他們對受菸害之苦的人感到同情。（比如孩子勇敢的面對二手菸造成的肺傷害。[108]）沈博士發現兩種類型的廣告都會讓人改變對吸菸的態度，但恐懼型的廣告效果較小。其實，可怕的廣告反而使許多測試對象抗拒改變想法。受測

107 美國為什麼在越南參戰的理由，和美國政府同時正在與黑人對抗，最後導致民權運動的邏輯相比，益發可疑。我們可以引用穆罕默德·阿里的話說：「我和越共又沒有過節！越共又沒有稱我黑鬼。」

108 美國國家癌症研究所估計，每年約有三千名非吸菸者因二手菸造成的肺癌死亡。

者說，恐嚇的手法使他們起了戒心，他們覺得自己選擇的自由受到侵犯。

引發同理心的廣告則沒有這樣的阻力。這些廣告不需要威脅，就讓人們自動自發想要改變。

沈博士的研究結果獲得其他研究的證實。其他領域的研究人員也遭遇同樣的現象——其中包括神奇（Wonder）顧問集團的創辦人羅伯特·裴瑞茲（Robert Pérez）。裴瑞茲在他的研究中證明，如果人們對試圖說服他們的人產生同理心，就會更願意做他們原本害怕的事——比如改變他們長期以來認為重要事物的信念。其中一個例子是，原本害怕僱用前科罪犯的企業主聽了同一市場其他企業主的陳述，比起其他人的遊說，他們的同僚說雇用前科犯實際上有好處時，這些企業主較可能改變心意。[109]

由於故事很容易引起同理心，所以甚至對於我們無法建立關聯的人，它們也可以讓我們抱持開放的態度。

假如你是經理，你的團隊中有兩個成員爭吵不休，讓你很頭痛。他們有不同的觀點，而且排斥彼此的想法。想像一下，你要他們兩個一起坐下來，告訴他們，如果他們再不好好相處，你就要他們兩個都走路。

你猜會有什麼結果？

我們都相信他們會認真面對你的威脅，停止公開爭吵，但他們不會喜歡彼此。你恐嚇他們，讓他們改變行為，但並沒有改變他們的想法。結果你把他們嚇得陷入組織沉默。

現在再想像你告訴這兩個團隊成員他們得共進晚餐。用餐時不准談公事，他們必須告訴對方關於自己的人生故事：他們在哪裡生長，怎麼邂逅生命中最重要的人，他們的十大優點，他們犯過的錯誤——之類的事情。

你能想像他們第二天走進辦公室時，是否能對彼此有多一點同理心？對待彼此更好一點？甚至互相支持？考慮對方的想法？

這就是故事的力量。[110]

曾負責白宮人事的歐巴馬總統前助理喬納森．麥克布萊德（Jonathan McBride）也在舉世最大的貝萊德（Blackrock）資產管理公司採取這樣的技巧，在本書付梓時，他在

---

109 同樣的，研究顯示，和我們同種族或同性別的陌生人說服我們停止種族或性別歧視，比由「外團體」的陌生人來說服更有效，也許這就是原因。對於我們認為是「自己人」的人，我們的態度自然較為開放，因此我們更願意接受他們的想法。很諷刺。

110 有時候，酒也有這種力量。

貝萊德擔任總經理。這幾年來，麥克布萊德及其同事開發讓不同的人群一起合作的方法。

貝萊德在認知多樣性以及隨之而來的各種人口多樣性上，已有長足的進步，但這些年來卻遇到我們先前看到失敗的合併和造成團隊離心離德相同的境況。不同的人很難相處。如果你是群體中的少數人口，就可能會三緘其口。如果你的團隊張力過大，整個團隊就可能會陷入組織沉默。像貝萊德這樣推動許多不同團隊成員的結果，就是缺乏「歸屬感」。

麥克布萊德和他的團隊做了各種小事，想扭轉這個局面，讓貝萊德的員工感覺到儘管他們可能各不相同，卻仍然屬於同一個超常團體。這包括要訓練領導者注意正面微行動的機會，正如山下．凱斯先前教我們的一樣。而貝萊德所做最有效的事就是教全公司——員工和管理階層，藉由分享彼此個人的故事來建立關係。在其他努力之外，講故事的這些干預措施使該公司成為《財富》雜誌所選出「最受尊敬的公司」之一，也是「人權觀察組織」（Human Rights Watch）認定的LGBT權益最佳工作場所之一，以及領英（LinkedIn）選出「的世人理想工作場所」之一。

「你需要大家互相關心，」麥克布萊德說：「而如何讓人們關心，就是透過帶情感的故事敘述。」

7

二〇一七年底，我飛往洛杉磯參觀薩克博士的神經實驗室。一個週日早上，他在那裡把我綁在一個叫做「浸入式感應器」（Immersion Sensor）的設備上，它可以測量你大腦分泌催產素之後的下游影響。其方法是透過追蹤迷走神經中的變化，迷走神經是由大腦到心臟的大神經。

薩克把我綁妥在設備上後，讓我看了一段影片，那是惠普公司的一段廣告，片中做父親的努力要成為十幾歲女兒的好爸爸。在整段影片中，他為她做了很多事，但她卻不理會他，或者像喜怒無常的典型的少女一樣翻白眼。其中有一段，他和她合影，但她卻一直發牢騷。後來她在學校打開午餐盒，看到裡面裝了這張照片和她爸爸留的字條，她火速把它藏起來。

最後，當爸爸的在外面工作一整天後回家了，他和女兒打招呼，但她再一次忽視他。他難過的走進她的房間，環顧著他這個小女兒成長的所有痕跡。他嘆了口氣，躺在她與手足共享的雙層床下鋪上，盯著天花板。

在天花板上，他看到女兒偷偷保存多年來他與她一起拍攝的所有照片。

你熱淚盈眶了嗎？我就是如此。薩克博士向我展示顯示幕，他正在監測我的催產素，顯示幕上非常清楚的呈現我對這位父親感到同情的地方。在整個影片中他試圖做好爸爸的地方，我的催產素呈現小小的尖峰，而到最後那裡，則出現大幅的上揚。

我不是父親，也不認識影片裡的這個人。我知道這是虛構的故事。我沒有理由和他的角色建立聯繫。但在看了這段小故事影片後，我體會到他的感受。我喜歡這個人，我想擁抱他。

薩克博士向我解釋說，這個效果「融化我和他之間分歧。」正面的社會互動——如擁抱、親切仁慈的行為和帶有情感的故事會釋放催產素，而催產素有助於讓不同的人建立關係，甚至連原本不會互相接受的人都一樣。薩克解釋說：「如果你自然的分泌催產素，內團體外團體的偏見就會消失。」[111]

我想確定各位讀者了解這一點。在我們的大腦為不屬於我們內團體的人分泌催產素時，我們對他們的偏見就消失了。而要達到這樣的結果，一個關鍵的方法就是分享好的故事。

一九六〇年代，關於在美國亞裔人士的故事由負面轉為正面。許多美國人對亞裔鄰居更有同理心——與他們建立關係；儘管他們彼此不同，還是尊重他們；讓他們得到長久以來一直遭到拒斥的機會。

有部分該歸功於文子和竹熊的兒子喬治。

8

一九六六年，電視製作人吉恩·羅登貝瑞（Gene Roddenberry）致電給有人誇獎過的一名年輕日裔演員。羅登貝瑞正在製作太空探險科幻影集，他希望找一名亞裔男子扮

---

111 在還不知道這個開創性研究的科學家看來，這話可能還有待商榷，不過這項由伊麗莎白·瑞瑞斯（Elizabeth Terris）、蘿拉·畢文（Laura Beavin）、豪爾赫·巴拉薩（Jorge Barraza）和保羅·薩克所作的研究才剛發表在《行為神經科學前線》（*Frontiers in Behavioral Neuroscience*）期刊上，篇名〈內源催產素分泌以觀點消除了內團體在金錢轉移時的偏見〉（*Endogenous Oxytocin Release Eliminates In-Group Bias in Monetary Transfers With Perspective-Taking*），這真讓人興奮。

演太空船飛行員的角色。

這個節目被稱為《星際爭霸戰》（*Star Trek*）。太空船的第一男主角是由小生威廉．夏特納（William Shatner）飾演英俊瀟灑的船長柯克，他的同事包括：雷納德．尼莫伊（Leonard Nimoy），飾演明智的史波克；狄佛瑞斯特．凱利（DeForest Kelley），飾演憤世嫉俗、綽號「老骨頭」的麥可伊醫師；前爵士歌手妮雪兒．尼柯斯（Nichelle Nichols）飾演通訊官烏胡拉。

《星際爭霸戰》也選了二十九歲的喬治武井飾演勇敢聰明的蘇魯中尉。這是好萊塢歷史上首見亞裔演員扮演非刻板印象的正面角色之一。

蘇魯中尉並沒有用假的亞洲腔調說話，他沒有亞洲人常見的那種虎牙，也沒有像當時電視節目上老套的冒冒失失老是犯錯。他的角色以他低沉的聲音，說出標準的英語，並技巧高超的駕駛企業號。東尼獎得主華裔演員黃榮亮（B. D. Wong）在談武井的紀錄片中說：「身為亞裔，在電視節目中看到亞洲人時，你總會感到強烈的興奮感。叫我驚訝的是，你在電視上看到的那些亞洲人總令人尷尬。」

但蘇魯並不會令人尷尬。他並沒有穿著和服浴衣或留著山羊鬍子，沒有險惡的陰謀算計。蘇魯穿著星艦司令部的制服，沉著的與其他船員合作。他們把生命交託給他。這很新鮮。在黃榮亮看來，這就是改變的預兆。他回憶：「喬治就是這種尊嚴的烽火。」

隨著「星際爭霸戰」成為一種文化現象，喬治武井所飾蘇魯的正面形象也進入成千上萬人的心裡。武井是頭一批講述亞裔新故事的演員之一。因此一九六四年在長灘（Long Beach）的國際空手道大賽上，年輕新秀運動員李小龍才能夠衝破武井已經撞出裂痕的玻璃天花板。流行文化專家認為，因為武井扮演先驅的角色，李小龍才能走上國際巨星的坦途。

新的刻板印象浮現了。好萊塢開始推動博學的亞洲專家或亞洲動作英雄的形象。而與此同時，華埠——或許頗有諷刺意味，正在推動「正派亞洲人」的形象，以取代媒體墮落亞洲人的陳舊刻板印象。

印地安那大學歷史學者吳愛倫（Ellen Wu，譯音）博士說：「我們今天看到的模範少數族裔神話主要是因亞裔早期的努力，希望被當作人類接受和認可的意外結果。」她的著作《成功的膚色》（*The Color of Success*）記錄亞裔在二十世紀中期為爭取被接受而做的努力。「他們希望被視為值得尊重並有尊嚴的美國人。華埠的領導人非常聰明。他們宣揚中國傳統家庭價值觀和儒家倫理的故事。他們聲稱，華裔的孩子總是聽從長輩的話，從不質疑。他們從來不會惹事，因為放學後他們還要去中文學校。」

聰明？的確。但人是人；孩子是孩子。當然，有些亞裔孩子聽話，有些不聽話；有些亞裔家庭關係密切，有些則不然。在喬治武井被囚禁和他得到「星際爭霸戰」角色之間這段時間，實際發生變化的是故事。亞裔基本上是同樣的——同樣應該包容、好奇和尊重的善良人類。可是關於亞裔的故事——在校董會議中、在報紙上、在大銀幕上，一九七二和一九四二年的情況截然不同。

你會想到希爾格博士研究的結論，一九四〇和五〇年代在美國的亞裔由於缺乏機會，因此受到限制，但隨著關於他們的故事發生變化，機會來了。他們抓住機會。這也對美國主流培養更多的亞裔好故事和更正面的印象，而這反過來又帶來更多的機會。

在美國，歧視仍然存在，但是武井和其他人的故事打開人們的心靈。更多的主流美國人開始讓亞裔加入團隊。

9

誰喜歡統計數據？（我的腦海中浮現人人都舉手的印象。嗨，各位書呆老兄！）誰喜歡書？你應該喜歡吧——因為你已讀到這裡。

好吧，如果你喜歡書籍，就會喜歡下面這個統計數據。身為著書的作者，我喜歡。

二〇一七年，我接受了克魯瑞-曼庫索和羅斯博士對智謙的評估，並添加一些我自己的問題：人口統計訊息——你住過的地方、去過的地方，加上其他一些問題。正如我們在上一章中所討論的那樣，我請成千上萬的人參加測驗，結果發現在國外生活或出國旅行與智謙之間，存在著有趣的關聯。

我提的一個問題和到比較便宜的地方旅遊有關：到書本世界旅遊。

請看下頁的調查資料，它告訴我們，以智謙分數與閱讀書籍的數量作比較時的結果。

資料顯示，每個月閱讀一本書以上的人，比少量閱讀的人更可能擁有智謙！閱讀大量書籍意味著我們吸收關於很多人和很多事物的故事。我們能不能說，這樣做讓我們對日常生活中所遇到的人抱持更開放一點的態度，算是重大的進步？[112]

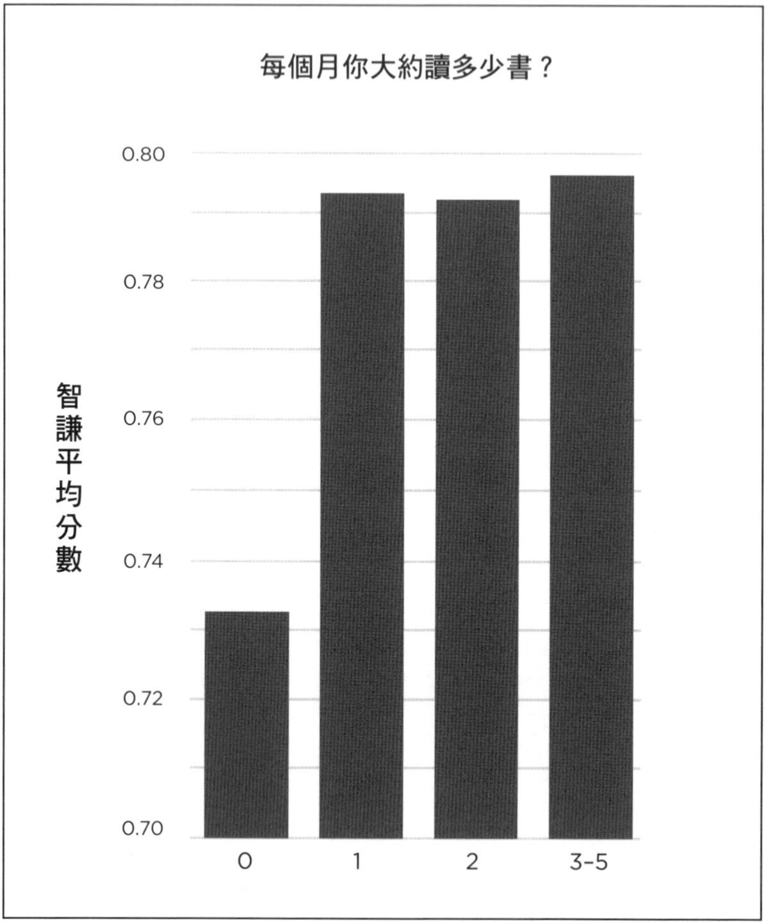
每個月你大約讀多少書？
智謙平均分數
0.80
0.78
0.76
0.74
0.72
0.70
0
1
2
3-5

112
希望這意味對像我這種的作家需求不會消失……！

二〇一〇年，紐西蘭威靈頓維多利亞大學（Victoria University of Wellington）的戴莉亞．巴斯克維（Delia Baskerville）教授把一群不同文化背景的年輕學生集合在一起講故事，測試這個理論。她發現在孩子們一起參與故事時，會分享關於自己、他們的文化和他們關心的其他事物，「培養了同理心、同情心、寬容，和對差異的尊重」。比起同齡人來，這些孩子比較不會排外。

二〇一四年，薩克博士在美國「國防高等研究計畫署」（DARPA）的一個計畫中，由神經科學的角度證明這一效果。薩克的實驗室——美國克萊蒙特大學神經經濟學研究中心，再一次把受測者接上了解大腦－化學－追蹤的儀器，結果發現關於外團體的啟發故事會減少人們對這些群體的仇外心理，較可能捐獻給支持這些群體的目標。

這些實驗中影響力最深遠的實驗是一段動畫影片，敘述一個黑人小男孩想要成為太空人。片中請這個男孩已成年的親兄弟敘述羅納德．麥克內爾（Ronald McNair）幼時在圖書館想要借書回家時，圖書館員叫了警察，警察則要圖書館員讓他借書。羅納德喜歡看《星際爭霸戰》，雖然他的兄弟認為各種種族——包括黑人在太空船上合作，純屬虛構的科幻故事，但羅納德認為這是一種「科學可能」。最後羅納德成為物理學者，也是史上第二位非裔美國太空人。可惜的是，一九八六年挑戰者號太空梭爆炸，他也罹難。當年不肯借書給他的圖書館後來以他的名字重新命名。

在薩克實驗室看了這段動畫的人，表現出同理心的跡象：他們分泌催產素，對這個故事作出真誠的評論，並在事後募款時，向非裔慈善機構捐了很多錢——不論他們自己是什麼族裔。

薩克的研究中心寫道：「『敘事傳送』（narrative transportation）是預測慈善行為最強力的指標。」意指觀眾表示受這個好故事「吸引」的反應：「其次則是同理心的經歷。」在人們看這個故事時，種族並不重要。羅納德是人，也是他們團隊的一員。**它融化了我／他之間的分歧。如果你自然的分泌催產素，內團體外團體的偏見就會消失。**

我的研究證明，書籍如何成為體驗故事和以此方式讓人敞開心扉的好方法。蓋洛普和丕優研究中心關於同志權利態度的研究，也向我們證明影視節目的故事如何讓我們做到這一點。維多利亞大學的研究和貝萊德公司正面的成果表明，人與人之間的故事如何讓我們感到自己是同一團隊的一分子。[113] 薩克博士的DARPA研究則說明，看完一個黑人孩子想當太空人的夢想，和他後來成為物理學家，卻在挑戰者號殉職的動畫，如何讓各種族裔的人都感到與黑人有更多的聯繫和同情。

了解這一點後，對武井和其他日裔與華府分享他們的故事後所發生的事，我們就一點也不會覺得意外。

一九八三年，美國國會的「戰時平民安置及拘留委員會」（Commission on Wartime Relocation and Internment of Civilians，CWRIC）正式承認美國拘留日裔行為的嚴重不公

113 我認為人文教育的主要益處是透過藝術、文學、戲劇、電影和音樂等途徑，讓我們接觸故事，藉以培養我們對他人體驗和詮釋世界方式的想像力和同理心。這不需要大學教育或任何正式教育環境的形式，但我確實認為，如果能與其他人討論，會更有效果。與其他人分享我們對這些藝術形式的體驗，迫使我們清楚表達我們的想法和感受，並使我們能夠聽到別人的想法和感受。我們培養個人想像力和同情能力的各種方式多得驚人，而這一切歸根結柢都在於分享故事。我們越能參與人文藝術，夢幻團隊的全球人才庫就越擴大。

義。自一九八〇年以來，CWRIC在美國各地舉行多次公開聽證會，了解日裔美國公民在戰時劇變的遭遇[114]。共有逾七五〇人作證，其中包括一九八一年八月在洛杉磯聽證會上作證的武井喬治。

喬治告訴委員會他幼時被迫遷入營地的經歷，他說到自己在鐵絲網內機關槍的陰影下玩耍。他提到他父母的希望和計畫以及得來不易的房屋所有權如何因為他們的長相而化為烏有。武井的故事激起公眾的同情，也引起國會議員的共鳴。委員會的報告讓雷根總統決定簽署一九八八年的《公民自由法案》（*Civil Liberties Act*），其中包括對拘留營倖存者所作象徵性的少許金錢補償。一九四二年雖然已經是很久以前，但這些故事仍然讓人關懷。而且它們創造了改變。

但是武井喬治受到的偏見限制，並不只是身體遭到拘禁而已。在他人生的頭六十八年裡，他從未正式表示自己是同志，儘管自一九七〇年代以來，這對他的粉絲已是越來越公開的祕密。加州法律曾強迫同志絕育，喬治當時曾為此發聲，在好萊塢出了名。幾十年來他一直忍受自己的真實性向和社會大眾希望的形象之間的緊張。但二〇〇五年，加州州長阿諾史瓦辛格否決同性婚姻法案，喬治覺得他必須挺身而出。他在LGBT雜誌《邊界》（*Frontiers*）上正式出櫃，並展開「平權之航」（Equality Trek），到全美各地的大學校園講述他的故事。喬治原本在加州政壇和LGBT組織中都很活躍，但是藉著「平權之航」，他的故事在全美傳播。

你能猜到後來發生了什麼嗎？

對成千上萬的粉絲來說，演員喬治成了喬治這個人。武井喬治讓大學生和《星際爭霸戰》的劇迷看到同志權利運動的本質：尋求根據法律，平等保護一般民眾。隨著社交媒體的增長，武井運用他的名聲、他的故事、他的幽默感，建立巨大的臉書粉絲團。

在正式出櫃十多年後，武井喬治依舊在分享故事，支持社會正義。二〇一三年，他被選為臉書上最具影響力的人物，藉著分享人類應得到舉世的同情和尊重的故事——既有趣又誠摯，感動了數千萬人。在本書寫作之時，武井正在演出他所製作的百老匯音樂劇《忠貞歲月》（*Allegiance*），內容是關於他成長時的日本人拘留營。這只是另一種用故事來教導的方法，說明在一九四一年拘留日裔美國公民，和在二〇一七年歧視同志伴侶，都是同一種疾病的不同症狀：因為人個別的身分，而排除了他們是人的事實。

114 委員會還聽取阿拉斯加原住民的證詞，他們被迫由具有重要戰略意義的阿留中群島普里比洛夫群島（Pribilof Islands）遷出。

為亞裔爭取尊重並非一蹴可幾，為同志爭取權利亦然。武井藉由分享他的故事，並參與《星際爭霸戰》及其他故事，幫助這兩項工作招募合作人選，建立龐大的夢幻團隊，這是推動任何社會運動都需要的關鍵。

如果講故事可以做到這一切，不妨想像一下在較小的範圍內分享我們的故事可以會有什麼結果。想像故事如何讓我們看到與我們有緊張關係者的人性——在我們的夥伴關係、我們的公司、我們的聯盟、我們的事業、我們的家庭中。想像在我們還沒有培養出尊重和智謙以一起掌控我們的歧異之時，故事能為我們的團隊做什麼。

想像這些故事會如何幫助我們學會愛我們所恐懼的人，而不是排拒他們。

10

一九六七年，《星際爭霸戰》開始拍攝第二季，一天早上，喬治武井來到他的更衣室，卻大吃一驚。

更衣室裡有兩件戲服。由於武井還有另一個節目在進行，因此編劇添加另一個角色作為太空船的聯合指揮官，由華特．柯尼格（Walter Koenig）扮演帕佛．契可夫（Pavel Chekov），將與武井一起掌舵。

武井很氣憤。他回憶：「我承認——我恨他，」他嫉妒別人來分享他努力發展的角色：「我的頭皮開始發麻。」．

柯尼格出現在更衣室時，出口的第一句話就是：「我恨這個！」

「嚇，我也不比你喜歡它！」武井反駁道。

柯尼格猶豫了一會兒：「你也是？」

「當然，」武井說：「我也不比你喜歡它。」

「哦，但至少你不必戴它。」柯尼格說。

武井這才發現柯尼格指的並不是一起工作。他說的是他手裡拿著的鬆散假髮，製作人要他戴著假髮上戲。

武井很尷尬，他忍住脾氣聽柯尼格說話。他聽著這個人的故事，開始敞開他的胸懷。他得知柯尼格也和他一樣唸過洛杉磯加大，有個兄弟在醫界工作，他長期以來一直努力讓家人尊重他的職業選擇。「我發現他是一個雄心勃勃的演員，很興奮有機會成為優質電視劇的一員，就像我一樣，」武井說：「原本的憎恨減為憐憫，然後是寬容，接著軟化成對我們相似人生和共同抱負的認可。」

聽了柯尼格的故事之後，武井只能放下自己的自負，與這個人合作。「我們一起為這個節目努力。」他說。

所以他們成為搭檔，互相依賴。他們一起駕駛企業號。而蘇魯和契可夫分享太空船控制台的影像不僅成為《星際爭霸戰》的標誌象徵，也成為人類有朝一日為地球的未來而組成形形色色夢幻團隊的標記。

四十年後，當喬治武井在洛杉磯與意中人布拉德結婚時，柯尼格擔任他的伴郎。

第八道「夢幻團隊」的魔法

・催產素

正面的社會互動——如擁抱、親切仁慈的行為以及帶有情感的故事，會促使我們的大腦為不屬於內團體的人分泌催產素，對他們的偏見會消失，融化內外團體之間的分歧。要達到這樣的成果，其中的關鍵方法就是分享好故事；好故事幫助我們學會愛我們所恐懼的人，而不是抗拒他們。

後記

在本書的結尾，我想告訴各位我生命中最糟糕的一天。這一天剛開始時，並不像會發生什麼糟糕的事。諷刺就在這裡：

那一天始於我在紐約蘇活區的新辦公室。由於我們公司不斷發展，經過每週一百小時的工時連續三年之後，我們已經成為真正的企業——當時創造五十多個職位。我和兩位朋友用了一堆信用卡創辦公司，傾其所有，而這個夢想終於成真。

工作一整天之後，我揮別辦公室的朋友，匆匆趕到上城哥倫比亞大學，在一千人面前的舞台上訪問一位著名的億萬富翁。我們談到他最新出版的書，也談了一點我剛實現從做中學所做的美夢，在一週前剛發表第一本書。

這是我歷來演講所面對最多的聽眾。結束後，我迅速和大家握手，並跑了出來。我搭上地鐵一號線往市區的蘇活屋（Soho House），這是一個高級的社交俱樂部，比我富裕時髦的人在此一起小酌。一個名為「影響者」（Influencers）的團體邀請我來此談談我的工作，對象是一群優秀的名人——樂手和企業家，以及廣告和模特經紀公司的負責人，其中包括我童年時代的偶像——「科學哥」（The Science Guy）比爾．奈（Bill Nye，科學家兼電視科學節目主持人）。

我的演講很成功。我很激動。演講結束後，比爾．奈和我握手，恭喜我的工作表現。世界冠軍嘻哈節奏口技（beatbox）藝人雷索（Rahzel）擋住我的去路，說他迫不及待想讀我的書。

我離開那裡時，已是凌晨一點。我滿口袋都裝滿了名片，走出蘇活屋大門，踏進肉類加工區（Meatpacking District）的鵝卵石街道。

這時我想起那天晚上我沒有地方可以睡覺。

你瞧，我是流浪漢。

雖然表面上我處於職業生涯的巨大轉捩點，但在內心裡，我卻遭逢一連串這輩子最悲慘的情感挫折。始於誤以為自己患有癌症而生的恐慌，終於意外的離婚要求——一切都在同時發生。隨後倉促的談判讓我破產、沮喪、無家可歸，甚至疑惑我努力的工作是否還有任何意義。

在我的生命中，只有少數人知道這些幕後的事情。我甚至沒有勇氣把這一切告訴家人，知情的員工更少。我和夥伴共同經營一家價值數百萬美元的企業，但私底下卻無力負擔租一間公寓的押金。

我需要三個月的時間存錢作租房押金，但我並沒有向任何朋友開口，請他收容我三個月，而是一直在做「沙發客」，不多談細節，靠著朋友和熟人的慷慨，不停換地方住，儘量不要麻煩一位朋友過度「負擔」。

這顯然是個愚蠢的計畫。

但是二十九年來我一直是穩定和清醒的堡壘，如今在這兩方面我卻已失控。我太焦慮，無法和人談論我的情況，也不容許自己逗留在任何人家裡太久，擔心自己不得不坦承曾在公園長凳或地鐵 L 線上多次昏睡的事，或者擔心要談自己的感受。

但在這一天演講和活動的狂亂中——這應該是我最偉大的一天，我卻再次忘記安排落腳的地方。

我拿出手機。

電池的電量只剩下百分之一。

我瘋狂發簡訊給朋友奈特，問他能否留宿。但電話沒電了。

接著好像老天正在拍悲劇電影一樣，紐約上空開始下起傾盆大雨。

我癱倒在路邊。在大雨中坐在第九大道和第十四街拐角，背著裝了我這輩子全部家當的背包，我崩潰了。

我從沒有這麼孤單的感受。

這些年來我為了達到今天所投入的努力，所有的小時、週和月，以及所有的犧牲，應該非常開心。那個演講廳裡的每一個人都認為我非常成功；蘇活屋的每一個人都認為我的一切都十分順利。

可是我的感覺卻再相反也不過。

經過幾分鐘和不只幾次的深呼吸後，我在我的背包裡摸索著辦公室的鑰匙，開始了兩哩的雨中跋涉。

任何有幸活著的人都有很多值得感激的事情。我知道，出於各種原因，我比其他許多人都幸運，但這並沒有讓我感覺比較好。我不知道我是不是還想要再繼續努力下去。

你手上能拿著這本書，是因為有一群人再度幫我站穩腳步。

第一位名叫大衛．卡爾（David Carr）。

他是《紐約時報》的專欄作家，在一年前寫了關於我公司的文章後，和我成為朋友。他偶爾會打電話給我，談談他寫的報導，或者為他所教授的大學新課程求助一些科技問題。

那天晚上在離開蘇活屋後不久，我背著背包在紐約四處走動，消磨時間，反思這一切的意義。這時我的手機響了。是卡爾先生沙啞的聲音。

他滔滔不絕的談起他要講的話題。過了一會兒，他停了下來。

有什麼事不對，怎麼了？他問。

大衛擅長讓人說出心裡的話。我崩潰了，說出所有不快的細節。我把一切都告訴大衛。

他聆聽，為我咒罵了幾句，然後告訴我他自己陷入谷底的經歷——他曾經對古柯鹼上癮，離過婚，還坐過幾次牢。

然後他告訴我沒有其他人會告訴我的話：「這會很疼，但沒關係。」

無論為了什麼原因，這樣的承認都是一種解脫。逃避疼痛只會延長它。此外，如果他經歷過這樣的事情，還能成為家喻戶曉的作家，幸福的居家男人，那麼我也就不用擔心自己能不能振作起來。[115]

「搶救申恩」團隊的第二名成員是我的徒弟艾琳。她在進行自己的幾個企業之間，花幾個月幫忙我的公司。在我雇用她時，並不知道她也是心地善良的精神巨人。

在公司同仁開始聽到關於一切的傳言時，很多人問我：「你還好嗎？」和「不會有事的。」

但艾琳卻強迫我停下來作呼吸練習，上瑜伽課，給我精神講話，說一堆佛理，而且她說的我得確實聽進去。

我聽了她的話，度過了難關。

向自己承認你無法解決所有的問題並不容易，但這樣做幫助我在那段黑暗的時期——以及從那之後的每一段黑暗時期向前邁進，而不是卡在我自己的第二山峰，陷入我自己的恐懼之中。

在人生中那段短暫而又毀滅性的時期，我學到的真正教訓並非應對悲傷或自憐的任何特定機制，而是在道路難走時，前進的最佳方法就是彼此互相扶持。大衛和艾琳——以及所有其他幫助

我走出深淵的人：我的伙伴喬和戴夫，親愛的朋友拉澤，傑西和賽門，以及法蘭克

和柯斯塔和瑪麗亞（甚至包括你，強．李維〔Jon Levy〕！）就是在我需要突破並向前邁進的美好又相異的組合。他們是我的夢幻團隊。

最重要的事情在一起做的時候更容易，也更可能成功。有時那些事情就像改變世界一樣小，有時它們就像改變人生一樣大。

115 叫許多人——不只是我，極為難過的是，大衛在這之後幾個月去世了。但在他去世前，他一直在關懷我。我為了他紋了一個圖案在身上，我永遠不會忘懷他。

特別附錄

雪柔．桑德伯格與亞當．格蘭特的夢幻對談

（以及世界各地的幾位插畫家）

雪柔（Sheryl Sandberg）和亞當（Adam Grant）是我最喜歡的兩位組成夢幻團隊的現代例子。身為臉書執行長的雪柔已經建立商業史上最具影響力的團隊之一。她也是《挺身而進》（*Lean In*）一書的作者，並且是爭取職場平權「一起挺進」（Lean In Together）運動的創始人。亞當是華頓商學院的組織行為學教授，著有《給予：華頓商學院最啟發人心的一堂課》（*Give and Take*）和《反叛，改變世界的力量》（*Originals*），開創關於合作的先驅研究。雪柔和亞當合著《擁抱B選項》（*Option B*），這部傑作協助我和成千上萬的其他人一起共度難關。他們在《紐約時報》也發表一系列精彩的文章。

在本書的結尾，我們整理出如下的問答，做為對讀者小小的報答，讓大家探究他們兩位在合作上的過程和理念，我認為這可以讓我們所有的人一起合作得更好，而不致分離瓦解：

・你們兩位在表面下有什麼樣的不同？這些差異如何幫助（和／或阻礙）兩位的合作？

身為作家，我們各有不同的風格。雪柔的寫作充滿生動的圖像：「挺身而進」、「坐在桌前」、「把大象踢出房間＊」。亞當的寫法比較抽象；他探討做為「給予者」或「接受者」，「拖延者」或操之過急的「提前者」（precrastinator）的意義。她偏愛放大鏡；他則喜歡望遠鏡。

我們以不同的方式來寫草稿。小說家寇特・馮內果（Kurt Vonnegut）寫過文章描

＊譯注：房間裡的大象（elephant in the room），意思是大家不願提的明顯問題。

述「行雲流水型」（swoopers）和「千錘百鍊型」（bashers）作者之間的區別。亞當是行雲流水型：他寫作時「振筆疾書，雜亂無章，曲曲折折，不論什麼方式都行。」雪柔則是千錘百鍊型：她寫作時「一次一句，精雕細琢」，寫到完美才能再寫下一個句子。

我們也有不同的口味。雪柔喜歡結構和組織，她希望每一個想法都能在邏輯上導向下一個想法，每一點都有實際的應用。亞當則傾向於讓故事千迴百轉，然後引入一個啟示——一個意想不到的轉折。

我們發現這些差異非常寶貴。我們發現在我們一起寫作時，會產生比我們單獨寫作更大膽的想法和的更生動的圖像。我們可以把速度、品質、結構和轉折融合得更好。

＊偉大的事絕不可能獨力完成。

・從表面看來，你們兩位不太像是理想的合作對象。兩位當初怎麼開始合作？又怎麼持續下來？

二〇一三年三月，雪柔出版她的第一本書《挺身而進》。幾週後，亞當出版他的第一本書《給予》。

那年夏天，亞當開會時遇到雪柔的丈夫戴夫・戈德伯格（Dave Goldberg），他邀請亞當去他家吃飯。亞當永遠忘不了他走進戴夫和雪柔的家，他們當時五歲的女兒問他這一天過得好嗎，接著他們年方七歲的兒子告訴亞當說，他的「爸爸教過他這本書」，並提出關於這本書的問題。

晚餐後，雪柔就亞當書中資料的性別差異提出問題。（雪柔記得她提出了一連串問題，但在亞當記憶中卻是「拷問」。）第二天，在由美西到美東的飛行途中，亞當以雪柔的性別觀點重新分析他十年來的資料，被結果嚇壞了。就像雪柔在《挺身而進》中所寫的那樣：在幫助他人時，男性得到的功勞比女性要多。男性提出新的想法和建議會獲得獎勵，而如果女性做同樣的事情，不是沒人理會，就是被認為咄咄逼人。

亞當告訴雪柔他的發現，兩人決定一起寫一系列關於女性和工作的專欄文章。他們

Divergent views can lead to a deeper Understanding
#dreamteams
Toby Kistanov
– Sheryl Sandberg & Adam Grant

＊分歧的觀點可能會帶來更深的了解。

發現兩人都喜歡證據，雪柔的領導專長和亞當的研究調查相輔相成。

合作寫文章往往會朝兩個方向發展，彼此不是成為真正的朋友，就是決定在很長的時間內都不相往來。我們很高興我們的合作走上了第一條路。

・**團隊工作往往教人沮喪，但我們無法單靠自己完成大事。這個兩個事實之間有一股拉鋸的力量。兩位在工作中看到的，是什麼造成瓦解崩潰的團隊和有所突破的團隊之間出現差別？**

已故的哈佛心理學教授理查・哈克曼（Richard Hackman）一生都在研究能夠發揮作用和不能的團隊——由交響樂團到航空公司飛機的駕駛艙，到情報單位到籃球隊。他指出了團隊成功的五大要素：

・真正的隊伍：有一群核心人物正在進行需要真正合作的任務。

・清楚的方向：有明確的願景和激勵的目標。

"Together... we generate bolder ideas and more vibrant imagery than we would alone."
–Sheryl Sandberg & Adam Grant

*「攜手合作……會產生比我們單獨工作更大膽的想法和的更生動的圖像。」

- 發揮能力的架構：明確設計和定義的角色，發揮每個人的優點。
- 支持的背景：團隊能得到他們需要的獎勵、教育、資訊和酬報。
- 專家輔導：有知識淵博的外人可以教導，激勵和諮詢。

- **在兩位的工作中，是否曾因為某個觀點或意見或發現，迫使其中一位不得不重新考慮自己的強烈觀點？結果如何？**

在我們合寫《紐約時報》系列文章時，我們決定要寫一篇關於協助他人的兩性差異。我倆都覺得這個課題很有意思，我們第一本書就在這裡的交會，而且我們也要提出新的資料。雪柔想要寫的重點是，一般人總認為女性提供協助是理所當然（她成人之美，助人為樂），但男人提供協助就會獲得讚美（「我從沒想過他會想到別人，應該要讚美和獎勵他」）。亞當擔心這個觀點不夠新穎，因為《挺身而進》就是以此為重點。結果雪柔很有說服力的證明，如果你說的是真話，就不必非要新穎不可。因此我們就以這點為主，結果證明她是對的。〈執行長女士，給我一杯咖啡〉（"*Madan C.E.O, Get Me*

*我們各自都有可彼此學習之處。

a Coffee”）可能是我們合寫的文章中，最熱門的一篇。

・如果人們有莫大的不同，或者抱持迥異的觀點，那麼要讓他們一起合作，全力「挺身而進」，爭取平等的重要因素是什麼？

任何合作最關鍵的因素，尤其是與非常不同的人之間的合作，最重要的是互相尊重。你們必須相信彼此都得向對方學習一些事物，而且在你們意見不合時，不該先假定對方是錯的，而該了解不同的觀點可以更深入理解問題，帶來有可能解決問題的新方案。這也就是要對別人的觀點做出最尊重的闡釋。在解釋別人的話時，先要假設對方是出於善意，而非害人的意圖。

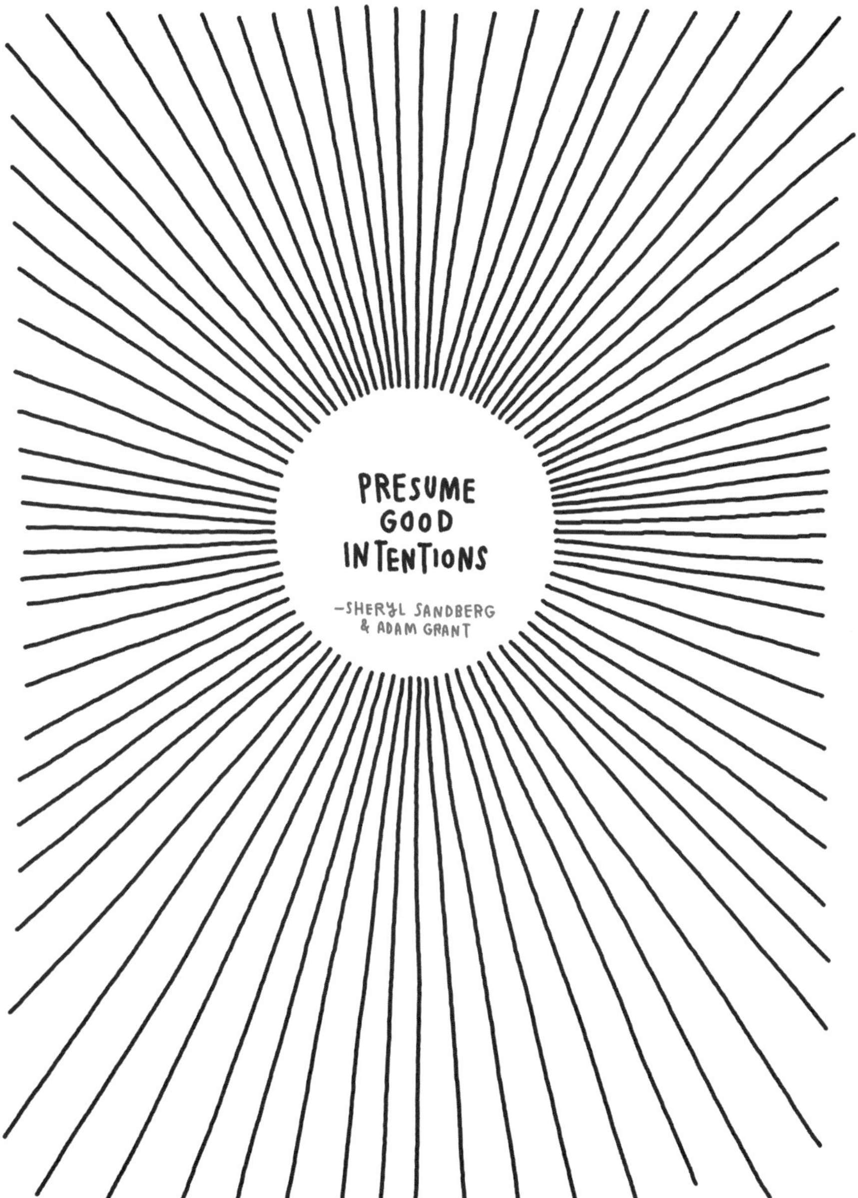
PRESUME GOOD INTENTIONS
—SHERYL SANDBERG & ADAM GRANT
#DREAMTEAMS
CRAIGHTON BERMAN

*我假定對方出於善意。

・要同時追求平等，並發揮我們的獨特性，我們該做些什麼才能一起進步？

許多人既想要融入，又想要脫穎而出。這些可能是競爭的動力，但我們經常藉著心理學家心理學家所謂的「最佳獨特性」（optimal distinctiveness），同時追求它們：一種我們同時既相同又不同的感受。

到達到這個目標，最簡單的方法是設立獨特的團隊，讓我們同時有歸屬感（我是群體的一分子）和獨特性（這個群體和其他群體不同）。

女性加入「挺身而進」的圈子，支持彼此的抱負，爭取平等時，通常會藉由凸顯她們圈子的某個事物，來創造「最佳獨特性」。在軍中，有個「戰鬥靴和高跟鞋圈子」（Combat Boots and High Heels Circle），在北加州，有個「千禧世代西裔圈」（Millennial Latinas Circle）。

每當我們聚集在一個團隊中時，每當我們強調我們使命的獨特時——或者我們共有的稀罕特點時，就有於加強我們的聯繫。

「強調我們使命的獨特——
或者我們共同擁有的稀罕特點，
那能加強我們的聯繫。」

——雪莉·桑德伯格+亞當·格蘭特

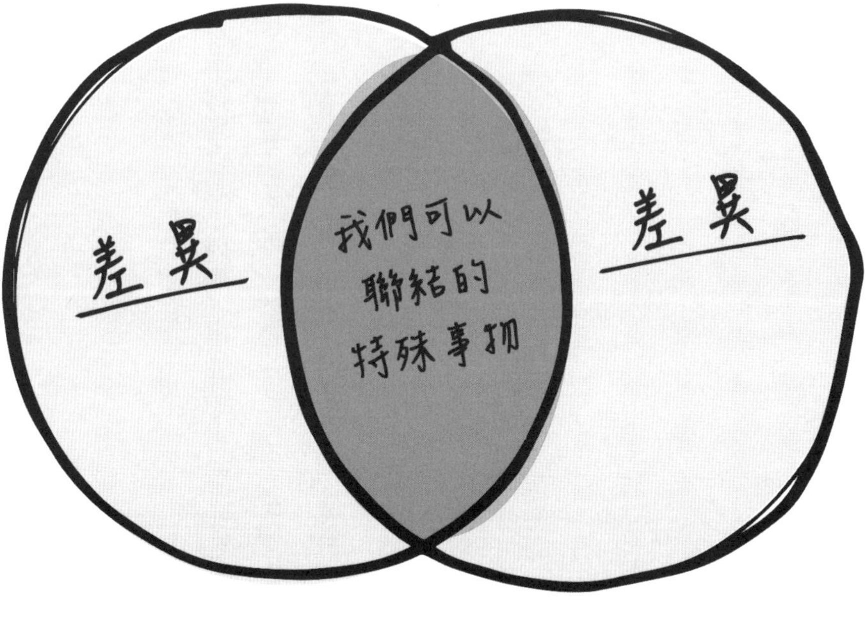

JESS BLACK

・你們最喜愛的史上超級團隊是誰？

雪柔：蒂娜費（Tina Fey）和艾咪波勒（Amy Poehler）。

亞當：下面這幾個搭檔在我心目中勢均力敵：傑瑞・史菲德（Jerry Seinfeld）和賴瑞・大衛（Larry David）、瑪麗和皮耶・居禮（Marie and Pierre Curie）、林肯的對手團隊，和超人的創造者傑瑞・西格爾（Jerry Siegel）和喬・舒斯特（Joe Shuster）。

（申恩：亞當，這大概要算四個團隊！）

「最關鍵的合作要素——
尤其是在截然不同的人之間，
就是相互尊重。」

——→ 雪莉・桑德伯格＋亞當・格蘭特

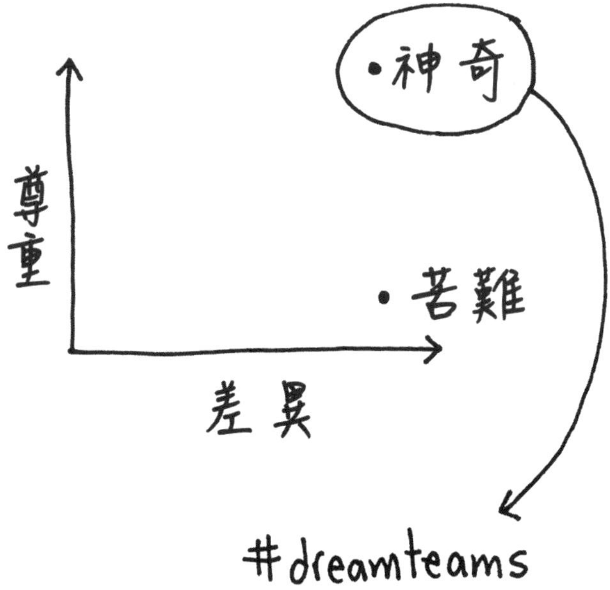

J.HAGY

・**當今世上存在很多問題，需要很多不同的人一起合作，解決明天的挑戰。我們可以做些什麼，讓人們團結起來面對問題，而非打擊彼此？**

雪柔的基金會已經建立起兩類社群做到這一點——「挺身而進互助圈」（Lean In Circles）和「B選項」（Option B）團隊。如果您關心性別平等或者願意為自己或他人建立適應力——而且我們認為這是當今世界面臨的兩個關鍵問題，那麼這些團隊就是開始的好地方。

更廣義的一點是，大事絕非獨力完成的，我們要一起進步。

＊「我們一起進步。」

#DREAMTEAMS

建立夢幻團隊備忘錄

一些建立更好的團隊的簡單策略

請參考：shanesnow.com/dreamteams/strategies.

團隊建立：

- ❑ 招募「文化添加」，而非「文化契合」的人才。
- ❑ 招募提升團隊的能力，而非追求個人數據的人才。
- ❑ 了解團隊成員的內外差異和人生經歷的程度，這可能導致不同的觀點、啟發力和「行事作風」。
- ❑ 確保團隊中的每個人都知道彼此的「超級能力」或獨特的能力。
- ❑ 採用兩步驟解決問題。

❑ 將問題定義為

❑ 區分問題的類型：新穎或否，關係重大與否。

❑ 根據問題的類型，為解決此問題的團隊「選角」（問題越新穎，關係越重大，團隊成員的差異就越重要）。

包容：

❑ 累積微機會，讓人們相互包容，彼此融合。

❑ 每當有團隊會受到決定的影響時，要確保該團隊中有人被「選角」成為小組的一員，無論他在團隊中的資歷高低。

❑ 確保人人在解決問題的過程中都有平等的機會。

❑ 讓團隊成員有以自己方式做事的彈性，相對的，他也要負責任。

進入狀態：

❑ 用遊戲和幽默減輕團隊壓力。

❑ 明確的許可（甚至獎勵）異議、批評和揭發。

❑讓團隊成員了解彼此的故事——尤其是在發生衝突時。
❑辯論而非腦力激盪；必要時，改變辯論雙方的立場。
❑坦率的發言，不匿名，而非隱忍不發。
❑領導人的工作是確保團隊中的緊張不會變成針對個人。

擴大可能性：
❑尋求各種不同的資訊來源，而非僅僅尋求團隊成員。
❑培養好奇心，並把它列為優先。
❑注意外人、怪人和離譜的想法；暫停你想要忽視它們的直覺反應。

團結：
❑如果可能，讓團隊針對超常目標團結；如果不可能，強調你希望團隊一起解決的挑戰意義。
❑歌誦大團隊內小團體的獨特。
❑允許團隊成員擁有自己的價值觀；不要把你的價值觀強加在他們身上。在所有情況下我推薦的唯一價值是包容、坦誠、好奇、尊重和智慧謙卑。

- ❑ 創建獨特的儀式，讓超常團隊藉此建立像家人一樣的聯繫，確保他們不會排斥任何人，或冒犯任何個人的價值觀。

開放：

- ❑ 如果你能負擔，不妨花多一點時間讓自己沉浸在不同文化的地方。
- ❑ 接受多元文化教育：學習語言，用另一種語言的字幕看電視，了解不同種類的人和食物，好奇的探索藝術
- ❑ 讀或看各種書籍、電影和電視。
- ❑ 分享個人情感的敘事建立人與人之間的橋樑。

謝詞

本書是無數合作本身的產物。它能完成，有太多的人要感謝。

下面是其中幾位：

Frank Morgan 閣下

Jim、Merry 和 Ryan

Tamsyn 和 Karina

Eric、Jenn、Allie

Dan S.

Aaron、Erin

Nicole、Eli

Jess

當然，Joe 和 Brandon 和 Brian 和 Masha

Nir、Maria、James、Steve、Mark

和夥伴 Adam、Jon、Brad、Paula、James

我敏感的讀者：Grace、Zainab、Ebony

我的事實查核者 Cara，和編輯 Tricia David，願他安息

和其他許多人……

國家圖書館出版品預行編目(CIP)資料

雜牌軍也可以是夢幻團隊：找出最佳選項、促進彼此包容、激發合作感動力的八道魔法 / 申恩．史諾 (Shane Snow) 著 ; 莊安祺譯 . -- 初版 . -- 臺北市 : 遠流 , 2019.01
面； 公分
譯自 : Dream teams : working together without falling apart
ISBN 978-957-32-8433-8（平裝）
1. 組織管理 2. 合作 3. 人際關係
494.2 107022386

雜牌軍也可以是夢幻團隊

找出最佳選項、促進彼此包容、激發合作感動力的八道魔法

Dream Teams:Working Together Without Falling Apart

作　　者：申恩．史諾（Shane Snow）
譯　　者：莊安祺
總監暨總編輯：林馨琴
責任編輯：楊伊琳
行銷企畫：張愛華
封面設計：王信中
內頁排版：邱方鈺

發 行 人：王榮文
出版發行：遠流出版事業股份有限公司
地址：臺北市 10084 南昌路二段 81 號 6 樓
電話：(02)2392-6899　傳真：(02)2392-6658
郵撥：0189456-1
著作權顧問：蕭雄淋律師

2019 年 1 月 1 日　初版一刷

ISBN 978-957-32-8433-8

新台幣定價 380 元
（缺頁或破損的書，請寄回更換）

YLib 遠流博識網
http://www.ylib.com　E-mail:ylib@ylib.com